NONGYE TURANG ZHONGJINSHU WURAN
KONGZHI LILUN YU SHIJIAN

农业土壤重金属污染控制理论与实践

王晓飞　洪　欣　梁晓曦　等编著

化学工业出版社
·北京·

内容简介

本书概述了土壤的概念、组成、分类和性质，土壤环境问题及面临的挑战以及土壤重金属的理化性质及环境危害。重点介绍了土壤背景值、环境容量和质量、土壤重金属污染评价、土壤重金属来源解析、修复手段和安全利用等内容，结合笔者在该领域的研究成果，对农田土壤重金属污染控制和修复及安全利用技术进行阐述，以便读者通过本书掌握农田土壤及其重金属污染的基础知识，了解农田土壤重金属污染的评价方法和修复及安全利用手段。

本书可供从事土壤重金属污染风险评价、污染控制、土壤修复等领域的研究人员阅读和参考。

图书在版编目（CIP）数据

农业土壤重金属污染控制理论与实践/王晓飞等编著. —北京：化学工业出版社，2021.8

ISBN 978-7-122-39215-2

Ⅰ.①农… Ⅱ.①王… Ⅲ.①耕作土壤-重金属污染-污染防治 Ⅳ.①X53

中国版本图书馆CIP数据核字（2021）第097068号

责任编辑：张　艳　宋湘玲　　文字编辑：白华霞

责任校对：边　涛　　装帧设计：王晓宇

出版发行：化学工业出版社（北京市东城区青年湖南街13号　邮政编码100011）

印　　装：北京捷迅佳彩印刷有限公司

710mm×1000mm　1/16　印张11　字数181千字

2021年8月北京第1版第1次印刷

购书咨询：010-64518888　　售后服务：010-64518899

网　　址：http://www.cip.com.cn

凡购买本书，如有缺损质量问题，本社销售中心负责调换。

定　　价：68.00元

本书编写委员会

陈　蓓　　邓敏军　　黎　宁　　李丽和

本书编写人员名单

王晓飞　　洪　欣　　梁晓曦　　陈鸿腾
何　宇　　陈春霏　　卢　秋　　李传章
李　方　　刘小萍　　叶开晓　　闭潇予
姚苏芝

前 言

土壤是农业生产的基础，为人类提供了必需的食物和原材料，是食品安全与人体健康的基本保障，在保护环境和维持生态平衡中具有重要作用。但随着社会工业化的发展，土壤重金属污染问题日益突出，已引起全世界的重视。当前，我国农田土壤重金属污染形势严峻。2014 年环境保护部和国土资源部联合发布的《全国土壤污染状况调查公报》显示，全国土壤环境状况总体不容乐观，耕地土壤环境质量堪忧。面对严峻的土壤污染形势，加强土壤污染防治是实现农产品质量安全的重要保障，是新时期环境保护工作的重要内容。2016 年，国务院出台了《土壤污染防治行动计划》（简称“土十条”），持续深化重金属污染防治攻坚战的具体要求。“土十条”提出“全面强化监管执法，明确监管重点。重点监测土壤中镉、汞、砷、铅、铬等重金属”。开展土壤重金属污染、风险评估等方面的研究，探讨和分析农田土壤重金属污染防治技术和应用案例，对有效改善农田土壤环境质量、防范环境风险、实现农田重金属污染土壤的高效安全利用、维护群众身体健康，具有重要意义。

本书概述了土壤的概念、组成、性质以及 14 种国家重点防控重金属的基本性质，逐一介绍了农田土壤重金属污染迁移转化、土壤背景值、环境容量和质量、土壤重金属污染评价、土壤重金属来源解析以及修复手段和安全利用等内容。希望读者通过本书掌握农田土壤及其重金属污染的基础知识，了解农田土壤重金属污染的评价方法和修复及安全利用手段。本书可供从事土壤重金属污染风险评价、污染控制、土壤修复等领域的研究人员阅读和参考。

参加本书编写的主要人员有：前言，王晓飞；第 1 章，王晓飞、何宇；第 2 章，王晓飞、梁晓曦；第 3 章，王晓飞、何宇；第 4 章，王晓飞、梁晓曦、何宇；第 5 章，王晓飞、陈春霏；第 6 章，王晓飞、陈春霏、洪欣；第 7 章，王晓飞、洪欣。其他编写人员详见“本书编写人员名单”。王晓飞、洪欣、何宇、卢秋负责全书的统稿。感谢广西自然科学基金重大项目《基于矿业镉、砷污染农田安全利用的生态修复研究》（2015GXNSFEA139001）、环保部公益性行业专项《重点防控重金属关键先进技术适用性研究》（201309050）、广西土壤污染与生态修复人才小高地及“广西突发污染事故应急监测技术研究”特聘专家岗位项目对有关研究内容的资助。

限于笔者的知识范围和学术水平，书中仍可能存在疏漏和不足之处，敬请同行和读者批评指正。

编著者

2021 年 5 月于南宁

目　录

第1章 土壤概述

1.1 土壤的概念

对土壤的概念，不同学科的科学家，从不同的角度，给予了不同的解释。土壤环境保护体系界定土壤是位于地球陆地表层，具有肥力的、能够生长植物的疏松多孔物质层。其中："地球陆地表层"是指土壤的位置；"疏松"是指土壤的物理状态，应与坚硬的岩石区分开；"生长植物"是土壤的功能；土壤之所以能生长绿色植物，是由于它具有肥力，土壤肥力具有不断供应及协调植物生长发育必需的水分、养分、空气和能量的能力，土壤具有肥力是土壤区别于其他自然体的最基本的特征，土壤是一个独特的、复杂的自然体[1]。从环境土壤学角度看，土壤不仅是一种自然资源，是"植物养料的储藏库"，还是环境污染物的"缓冲带"和"过滤器"[2]。从生态学角度看，土壤是陆地生态系统的一部分，是物质循环和能量流动的主要场所[3]。从地理土壤学角度看，土壤是陆地表面由矿物质、有机质、水、空气和生物组成，具有肥力，能生长植物的未固结层[4]。农业土壤学科认为土壤不仅是独立的"历史自然体"，人为土壤还是劳动的产物，即自然土壤经过人类农业生产活动的影响和改造而形成适合农作物生长的土壤[5]。从土壤的组成和发生考虑，土壤是由矿物颗粒、有机质、水分、空气和活的有机体以发生层的形式组成的，是经风化和物理、化学以及生物过程共同作用形成的地壳表层。2015 年，土壤学家合作组织、国际土壤科学联合会（IUSS）、联合国粮食及农业组织（FAO）以及国际原子能机构

(IAEA) 在维也纳国际土壤年会中达成一致宣言，土壤是环境的基石，也是微生物、植物和动物等生命赖以生存的基础；土壤是生物多样性和抗生素的大宝库，可为人类健康和基因储备服务；土壤具有滤水功能，是提供饮用水和其他水资源的关键；土壤是缓冲器，可提供植物所需要的水分，并防止水分快速流失；土壤存储和供应植物营养，能够转化包括污染物在内的多种化合物；土壤是世界上大多数食品生产的基础；土壤是生产木材、纤维和能源作物等生物质所必需的；土壤捕获碳，有助于减缓气候变化。2018 年，联合国粮食及农业组织 (FAO)、全球土壤伙伴关系 (GSP) 及北京市农业局、北京市土肥工作站在北京 2018 土壤健康与可持续发展国际研讨会中发布“一带一路”健康土壤宣言，指出：土壤是重要且不可再生的自然资源，是地球生态系统服务的重要提供者；土壤实现物质与能量动态循环，维持地球生态平衡；土壤是地球碳循环的重要一环；土壤是文明的摇篮，孕育了人类多元文化和丰富历史，并将孕育人类的未来，是灿烂、鲜活与文明星球的根本保障；土壤是众生之母，提供万物生灵以多样、活力与不竭的食源与能量。

基于以上认识，综合土壤抽象的历史定位，具体的物质描述，代表性的功能和特性表征等，可将土壤定义为：位于地球陆地表层或浅水域底层，具有生命活力的，能承载物质循环和能量交换，调控地球生态系统平衡的疏松多孔物质层，是一种不可再生或再生缓慢的历史自然体。

1.2 土壤的组成、分类和性质

1.2.1 土壤的组成

土壤是由固相、液相和气相等组成的多相分散系统，一般情况下，在土壤中固相占总质量的 90%～95%，占总体积的 50%左右；而液相和气相总体积约占土壤总体积的 50%，液相和气相相互有影响，呈动态占比关系，占比范围 15%～35%。除此之外，土壤中还有数量众多的微生物。土壤固相是土壤的主要组成部分，构成了土壤的“骨骼”。因此，土壤是一个以固相为主的不均质多样体系，是由固相、液相、气相构成的一个矛盾统一体，各相互相联系，互相制约，各相中所含的土壤矿物质、有机质和微生物与土壤的污染理化行为的关系最为密切相关。

1.2.1.1　土壤固相

矿物质是土壤的主要组成物质，也称土壤基质，占土壤固相部分质量的90%以上。土壤矿物质主要来自成土母质，按成因分类主要分为原生矿物质和次生矿物质。

原生矿物质是指岩石只受到不同程度的物理风化而没有经过化学风化破碎形成的碎屑物质，其化学成分和结晶构造未发生改变，是土壤中各种化学元素的最初来源，其种类和含量随母质的类型、风化强度和成土过程的不同而异。常见的原生矿物质有硅酸盐类、氧化物类、硫化物类、磷酸盐类四大类。硅酸盐类矿物质一般属于晶质矿物，不稳定且易受到风化，因此对土壤的贡献占绝对优势，风化过程中可释放出钾、钠、钙、铁、镁及铝等元素，同时形成次生矿物质。氧化物类矿物质极其稳定，不易风化，主要包括石英、赤铁矿、磁铁矿、金红石、蓝晶石、锆石等。其中石英是土壤中砂粒的主要成分；赤铁矿是热带、亚热带土壤中常见的矿物，能使土壤呈红色，水化后其水化物又会使土壤呈明显的黄色、褐色或棕色；而蓝晶石、锆石等均很难风化，能长期存留于土壤中。硫化物类矿物质极易风化，是土壤中硫的主要来源，土壤中常见的有铁的硫化物矿物，如黄铁矿、白铁矿等。磷酸盐类矿物质是土壤中无机磷的主要来源，土壤中分布最广的是磷石灰，包括氟磷灰石和氯磷灰石等。

次生矿物质主要是由原生矿物质经过化学风化过程和成土过程形成的新的矿物质，其化学组成和晶体结构与风化前的原生矿物质有所不同。次生矿物质是土壤黏粒和无机胶体的重要组成部分，其大多是土壤物质中最细小的部分（粒径<0.001mm），具有胶体性质，影响土壤许多重要的物理、化学性质，如吸收性、黏着性等。土壤中次生矿物质按其性质与结构可分为三类：简单盐类、次生氧化物类、次生铝硅酸盐类。简单盐类具有水溶性，易淋溶流失，一般多存在于盐渍土中，结晶构造也较简单，常见于干旱和半干旱地区的土壤中；次生氧化物类和次生铝硅酸盐类矿物质在土壤中普遍存在，种类很多，是土壤矿物质中最细小部分（粒径$<0.25\mu$m），也称为次生黏土矿物质，常见于湿热的热带和亚热带地区土壤中。土壤很多重要的物理、化学过程和性质都与次生铝硅酸盐种类和数量有关。

土壤固相中还有一种重要物质，为土壤有机质，其成分以碳氢氧化合物和含氮的化合物为主，主要来源于动植物和微生物的残体，其中除未分解、半分解的动植物和微生物残体外的有机物质总体称为土壤腐殖质，腐殖质通常占土壤有机质的90%以上。土壤有机质含量一般占土壤基质质量的5%左右，虽然含量不多，但它产生的生态和环境效应对土壤环境污染方面的研究是非常重要的。若土壤有机质含量高，可通过蛋白质、氨基酸、糖类等水稳定团粒的胶结特性改善土壤的结构状况；所含的腐殖质较多有利于土壤吸热增温，土壤颜色加深；有机质的带电特性可提高土壤对酸碱变化的缓冲能力；有机质可降低土壤的抗剪强度，减少土壤的黏着力，增加压缩性。就生态和环境效应而言，土壤有机质含有的官能团对重金属离子有较强的配位和富集能力，影响重金属的固定、迁移及植物有效性，会改变土壤对重金属的吸附作用，也会改变土壤重金属的形态分布；土壤有机质对农药等有机污染物有强烈的亲和力，对有机污染物在土壤中的生物活性及残留、生物降解、迁移、蒸发等过程有重要的影响；土壤有机质是全球碳平衡过程的碳库，影响着地球自然环境。

1.2.1.2 土壤液相

土壤液相也称土壤溶液，是包含在土壤空隙中的水分及水分中溶质（包括气体溶质）、悬浮物质的总称。土壤三相中液相最为活跃，它的成分和性质受土壤母质、气候、地形和生物的制约而经常变化。

土壤水分并非纯水，事实上是土壤中各种成分和污染物溶解形成的溶液。地球表面的土壤覆盖层是一个巨大的“蓄水库”，土壤水的循环被人们称为土壤的“血液循环”。地球表面蓄于土壤中的全部水量约$1.65\times10^4km^3$，不及水圈含水总量的0.01%，各种类型水储量详见表1-1。这些土壤水为土壤中所发生的各种化学反应提供了介质，对于岩石风化、土壤形成、污染物的转化和迁移有着决定性作用。土壤水分主要来自大气降水、灌溉水和地下水；土壤水分的消耗形式主要有土壤蒸发、植物吸收和蒸腾、水分渗漏和径流损失等。不同土壤持水能力不同，土壤孔隙中的水在重力、土粒表面分子引力、毛细管力等共同作用下，也表现出不同的物理状态。

表1-1 地球水储量[6]

水体种类	水储量	
	体积/10^3km^3	占比/%
海洋水	1338000	96.538
冰川与永久积雪	24064	1.7362
地下水	23400	1.6883
永冻层中的冰	300	0.0216

续表

水体种类	水储量	
	体积/$10^3 km^3$	占比/%
湖泊水	176.4	0.0127
土壤水	16.5	0.0012
大气水	12.9	0.0009
沼泽水	11.5	0.0008
河流水	2.1	0.0002
生物水	1.1	0.0001
总计	1385984.5	100

土壤溶质的形成是土壤三相成分间进行物质和能量交换的结果，其化学组成和浓度取决于土壤组成及其与生物、大气、水分之间发生的物质交换。例如水对可溶性物质和土壤空气中气体的溶解作用；溶液和土壤胶体的代换吸收作用；溶液对土壤胶体的消散作用；溶液与植物根毛和土壤微生物之间的相互作用；土壤水和潜水的交互作用等。这些作用会使土壤溶液中存在分子态、离子态和胶体态的溶解物质，其中有无机化合物、有机化合物、有机-无机复合物、气体及最细小的胶体水溶胶，组成非常复杂，因此对土壤污染物控制和修复的研究也是非常复杂的。

要了解土壤溶液的组成和含量，以及物质间的相互作用，就要研究土壤的成土母质、气候、地下水、降水、灌溉、施肥、农药、作物品种及生育期、耕作措施等，还要研究土壤的温度、湿度、酸碱度、生物活动等。①土壤温度。土壤温度的变化是引起土壤溶液变化的主要因素，温度升高会使很多无机盐的溶解度增大。②土壤湿度。土壤湿度增加，土壤溶液浓度变小；而在高温和强烈蒸发时，浓度则急剧上升。土壤溶液浓度较低时，溶液中各类元素多呈离子状态；反之，以分子态存在。在干旱即严重缺水的情况下，某些物质甚至从溶液中析出产生沉淀。③土壤酸碱度。由于各种物质在不同酸碱度条件下溶解度不同，因此土壤酸碱度影响土壤溶液成分的变化。同时，酸碱度也影响着微生物的活动，从而影响土壤物质的转化。④土壤溶液组成成分间的相互作用。土壤溶液中某些元素浓度在一定条件下达到过饱和时，就会产生沉淀，如碱土金属离子容易与酸根离子（如碳酸根离子、硫酸根离子等）发生反应形成沉淀；有些物质也可降低或增加其他物质的溶解度，如硫酸钠的存在会降低硫酸钙的溶解度等。⑤土壤生物活动。土壤溶液中的物质与栖息于土壤中的小动物和微生物有着连续不断的相互作用。土壤生物经呼吸作用释放二氧化碳，植物根系分泌有机物，微生物参与土壤中碳、氮、磷、硫等元素的转化等，这些都直接关系着土壤溶液的组成和浓度。不同植物利用、富集各种元素的作用不一样，也能造成土壤溶液中元素含量的差异。

1.2.1.3 土壤气相

土壤气相也称土壤气体或土壤空气，是指未被水分占据的土壤孔隙中存在着的各种气体的混合物，主要来源于大气，少量来自土壤中生物、化学过程产生的气体。土壤气相对土壤微生物活动、土壤物质的转化都有重要作用。对于通气良好的土壤，其空气组成与大气基本相似，以氧气、二氧化碳、氮气及水汽为主，除此之外还有一氧化碳、氢气、氮的氧化物、甲烷、乙烯、乙炔、氩、氖、氡等二十余种气体；若通气不良，则土壤空气组成与大气有明显差异。总体来看，土壤空气有异于大气之处主要为：①土壤空气是不连续的，存在于土粒间没有土壤溶液的孔隙。②土壤空气有更高的湿度。③由于土壤中微生物活动、有机质分解和植物根系的呼吸作用，土壤空气中二氧化碳的含量高于大气中的含量；相反，土壤空气中氧气的含量低于大气。这是因为微生物和植物根系的呼吸作用必须消耗氧气。总体上，二者含量之和与大气相近。④土壤空气中含有少量还原性气体，如甲烷、硫化氢、氢气、磷化氢、二硫化碳等，这些都是厌氧性微生物活动的产物。⑤土壤空气存在的形态与大气不同，大气以自由态存在，而土壤空气按物理性质分，有自由态、吸附态和溶解态。主要差异数据见表 1-2。

表 1-2 土壤气体与大气组成的差异（以容积计）[7]

项目	O_2/%	CO_2/%	N_2/%	其他气体/%	相对湿度/%
近地表大气	20.99	0.03	78.05	0.9389	60～90
土壤空气	18.00～20.03	0.15～0.65	78.80～80.29	痕量	100

1.2.2 土壤的分类

以土壤发生学为基础，根据土壤成土过程和剖面特征，中国土壤分类系统中的土类主要有黑土、白浆土、砖红壤、棕壤、黄棕壤、黄壤、红壤、赤红壤、燥红土、黄褐土、褐土、暗棕壤、泥炭土、灰漠土、灰褐土、黄绵土、风沙土、紫色土、栗钙土、棕钙土、黑钙土、黑垆土、潮土、草甸土、沼泽土、水稻土、灌淤土、寒漠土、寒原盐土等60种。其中，红壤是我国分布面积最大的土壤类型，它分布在长江以南的广阔低山丘陵地区，包括江西、湖南的大部分地区，除此之外，在云南、广西、广东、福建、台湾的北部以及浙江、四川、安徽、贵州的南部都有红壤的分布。黄棕壤分布在北起秦岭、淮河，南到大巴山和长江，西自青藏高原东南边缘，东至长江下游地带，是黄红壤与棕壤之间过渡型土类。棕壤主要分布在山东半岛和辽东半岛。暗棕壤主要分布在东北地区大兴安岭、小兴安岭、长白山等。漂灰土分布在大兴安岭北段山地上部。褐土分布在山西、河北、辽宁三省彼此相连的丘陵低山地区，以及陕西关中平原。黑钙土分布在大兴安岭中南段山地的东西两侧、东北松嫩平原的中部和松花江、辽河的分水岭地区。黑垆土分布在陕西北部、宁夏南部、甘肃东部等土壤侵蚀较轻、地形较平坦的黄土高原上，由于这些区域土壤中腐殖质的积累和有机质含量不高，腐殖质层的颜色上下差别比较大，上半段为黄棕灰色，下半段为灰褐色。栗钙土是钙层土中分布最广、面积最大的土类，分布于内蒙古高原东部和中部的广大草原地区。棕钙土是钙层土中最干旱并向荒漠地带过渡的一种土壤，主要分布在内蒙古高原的中西部、鄂尔多斯高原、新疆准噶尔盆地的北部和塔里木盆地的外缘。灰漠土分布在内蒙古、甘肃的西部、新疆、青海柴达木盆地等地区。寒原盐土分布在青藏高寒地区退缩内陆湖盆及河间洼地。

在空间分布上，受水热条件控制，土壤水平地带分布具有一定的规律性。我国东北松辽流域由东向西土壤分布依次是黑土、灰褐土、栗钙土、棕钙土、灰钙土、灰漠土；而南方热带和亚热带地区，广泛分布着各种红色和黄色的酸性土壤，由南而北有砖红壤、燥红土、赤红壤、红壤和黄壤等土类；东部湿润海洋气候地带，由北而南依次分布着暗棕壤、棕壤、黄棕壤、红壤、黄壤、赤红壤和砖红壤。

1.2.3　土壤的物理性质

土壤的一般物理特性包括土壤的颜色、质地、结构、相对密度、容重和孔性等，认识、利用和改变这些性质，可以帮助人们更好地控制和修复土壤污染，找到提高修复效率和效果的最佳途径。

1.2.3.1　土壤的机械组成和质地

根据土粒的当量直径，土粒可分为若干粒级，同级土粒的大小相近，其成分和性质基本一致，不同粒级的土粒，其所含矿物的组成有很大区别。一般来说，土粒变细，二氧化硅含量减少，而氧化钙、氧化镁、氧化钾等物质含量增多。各个粒级在土壤中所占的相对比例或质量分数，称为土壤的机械组成。土壤的机械组成反映了母质来源和成土过程特征，是一种十分稳定的自然属性。按土壤质地一般将土壤分为砂土、壤土和黏土三种，通过土壤的机械组成可判断土壤质地，而三种质地中按机械组成的组内变化范围，又可细分出若干种质地的名称，不同质地组会反映出不同的性状。

土壤质地砂、黏程度会影响土壤中物质吸附、迁移和转化过程，因此土壤的机械组成是土壤污染物环境行为研究常要考虑的因素。

1.2.3.2 土壤的结构和孔性

土壤的结构一般按形态划分，主要有下列几种类型：片状结构、棱柱状结构、柱状结构、角块状结构、团块状结构、粒状结构和团粒状结构。片状结构的结构体沿水平轴方向发展，呈片状、板状、页状、鳞片状，多出现于冲击性母质层和农田土壤的犁底层；棱柱状结构的结构体沿垂直轴方向发展，呈柱状体，长度因不同土壤类型而异，一般在 15cm 以上，边缘尖锐，多出现于黏质土壤中层和底层，有时也延及表层；柱状结构的结构体与棱柱状结构相似，常出现于半干旱地带含粉砂较多的底土层和碱土的心土层；角块状结构的结构体沿长、阔、高三轴发展，呈不规则的六面体块，表面平滑，棱角明显，多出现于中等质地和细密质地土壤的中下层；团块状结构的结构体与块状结构相似；粒状结构的结构体长、阔、高大致相等，形似球状，直径一般 0.25～10mm，球体疏松排列在一起，多出现于土壤表层，在肥沃土壤中数量尤多；团粒状结构的结构体与粒状结构相似，但团粒体孔隙特别多。

土壤是极为复杂的多孔体，其孔性与孔隙状况、土壤相对密度、土壤容重等相关。

土壤孔隙是指土壤各级土粒或其一部分团聚体内部的孔隙，是土壤中水分和空气的容纳空间及通道。

土壤孔隙性质（简称孔性）是土壤孔隙度、大小孔隙的比例及其在土体中的分布情况的总称，是一项重要的土壤物理性质指标，在很大程度上反映了土壤的物质交换能力。

土壤相对密度是单位体积土壤固体土粒的干重与 4℃时同体积纯水质量的比值，量纲为 1。土壤相对密度的数值大小主要取决于土粒的矿物质组成，有机质含量也有一些影响。大多数构成土粒的矿物质的相对密度为 2.6～2.7；土壤有机质的相对密度为1.25～1.4；泥炭和森林凋落物层的相对密度则为1.4～1.8。

土壤容重是指单位容积土壤（包括土粒间孔隙）的质量，单位为g/cm^3。其中，土壤的质量是指在105～110℃温度下烘干后的土壤质量，即不包括水分质量。由于土壤容重包括土粒间孔隙在内，土粒只占一部分，因此同体积的土壤容重小于土壤比重。土壤容重的大小除了受土粒排列、结构影响外，还容易受到外界降水和人为活动影响。土壤容重有着许多方面的实际意义，通过它可以粗略判断土壤结构及紧实度等状况，同时容重也是计算土壤孔隙度和空气含量的必要数据，还可用于计算任何容积土壤的质量及环境容量等。

土壤孔隙的多少以孔隙度或孔隙比来表示。土壤孔隙度是指在自然状态下，单位容积土壤中孔隙容积所占的百分率；土壤孔隙比是指土壤中孔隙容积和固相土粒容积的比值。这里所说的孔隙容积包括所有大小和形状不同的孔隙，所以土壤孔隙度也叫土壤的总孔隙度。在不同类型土壤和同一类型土壤不同发生层中土壤的孔隙度是不同的，土壤孔隙度通常不直接测定，而是通过土壤相对密度和容重来计算获取的。通过换算，孔隙比则可以由孔隙度来计算，即：

$$\text{土壤孔隙度}(\%)=\left(1-\frac{\text{土壤容重}}{\text{土壤相对密度}}\right)\times 100\% \tag{1-1}$$

$$\text{孔隙比}=\frac{\text{孔隙容积}}{\text{土粒容积}}=\frac{\text{孔隙度}}{1-\text{孔隙度}} \tag{1-2}$$

由此可见，土壤的孔隙度与容重呈负相关，容重越小则孔隙度越大，反之亦然。一般情况下，砂土的孔隙度为30%～45%，壤土的孔隙度为40%～50%，黏土的孔隙度为45%～60%。结构良好的土壤孔隙度为55%～70%，紧实底土为25%～30%。

土壤学中当量孔径是指一定土壤吸水力相当的孔径，反映土壤透水、保水、通气等性质。当量孔径与土壤吸水力呈反比关系，当量孔径越小则土壤吸水力越大，计算公式表示为：

$$d=\frac{3}{T} \tag{1-3}$$

式中，d为土壤孔隙的当量孔径，mm；T为土壤吸水力，Pa。

根据当量孔径的大小，土壤孔隙可分级为非活性孔隙、毛管孔隙和通气孔隙。非活性孔隙是土壤中最微细的孔隙，当量孔径小于0.002mm，吸水力15×10^5Pa以上，这些孔隙植物根系无法伸入，微生物也很难入侵；毛管孔隙当量孔径在0.002～0.02mm范围，吸水力为$1.5\times10^5\sim15\times10^5$Pa，是土壤中具有毛细作用的孔隙，其保存的水分可被植物吸收利用；通气孔隙当量孔径大于0.02mm，吸水力小于1.5×10^5Pa，水在这种孔隙中会因重力作用较快地排出，是土壤中水和空气流通的通道。三级孔隙度的计算公式如下：

$$\text{非活性孔隙度}(\%)=\frac{\text{非活性孔隙容积}}{\text{土壤总容积}}\times100\% \tag{1-4}$$

$$\text{毛管孔隙度}(\%)=\frac{\text{毛管孔隙容积}}{\text{土壤总容积}}\times100\% \tag{1-5}$$

$$\text{通气孔隙度}(\%)=\frac{\text{通气孔隙容积}}{\text{土壤总容积}}\times100\% \tag{1-6}$$

1.2.3.3 土壤的水分特性

不同性质和形态的土壤水分之间会存在一定的界线，这些分界线所对应的土壤水分含量称为土壤水分常数，如最大分子持水量、最大吸湿水量、萎蔫系数、田间持水量等。其中，田间持水量长期以来被认为是土壤所能稳定保持的最高土壤含水量，是对植物有效的最高的土壤水含量。萎蔫系数是指生长在湿润土壤上的作物经过长期的干旱后，因吸水不足以补偿蒸腾消耗而叶片萎蔫时的土壤含水量。

萎蔫系数、田间持水量都可表征土壤水分的有效性，一般把田间持水量视为土壤中能被植物利用的水分上限，萎蔫系数则为下限。当土壤水分含量小于或等于萎蔫系数时，土壤水分为无效水；当土壤水分含量大于萎蔫系数时，土壤水分为有效水；当土壤水分含量超过田间持水量时，这部分土壤水分为多余水。土壤有效水的最大量应为田间持水量与萎蔫系数之间的差值，即：

$$\text{土壤有效水最大量}(\%)=\text{田间持水量}(\%)-\text{萎蔫系数}(\%) \tag{1-7}$$

不同质地的土壤，有效水最大量各不相同，见表1-3。

表1-3 土壤质地与有效水含量的关系

土壤质地	砂土/%	砂壤土/%	轻壤土/%	中壤土/%	重壤土/%	黏土/%
田间持水量	12	18	22	24	26	30
萎蔫系数	3	5	6	9	11	15
有效水最大量	9	13	16	15	15	15

土壤水的基质势（或土壤水吸力）随土壤含水量的变化而变化，其关系曲线称为土壤水分特征曲线。该曲线一般以土壤含水量（以体积百分数表示）为

横坐标，以土壤水吸力为纵坐标。曲线一般分为三段，即低吸力段、中吸力段、高吸力段，吸力范围依次为：吸力＜100kPa，100kPa≤吸力≤1500kPa，吸力＞1500kPa。其中低吸力段的水分移动性强，有效性高，占土壤有效水含量的大部分。土壤水分特征曲线可以通过仪器（如张力计、压力膜仪等）直接测定，但由于土壤的空间变异性，直接测定获得的数据误差较大，通常还会使用经验公式进行拟合，比较典型的有Brooks-Corey（1964）模型、Gardner（1970）模型、Campbell（1974）模型、Van Genuchten（1980）模型和Gardner-Russo（1988）模型。

土壤水分特征曲线有很多方面的应用：通过曲线可以进行基质势和含水量的相互换算，可以间接了解土壤孔隙的大小、分布，可以了解到土壤质地状况和土壤水分在吸力段的分布情况。例如，当吸力趋于零时，土壤水接近饱和，水分状态以毛管重力水为主；吸力稍有增加，含水量急剧减少时，用负压水头表示的吸力值约相当于支持毛管水的上升高度；吸力增加而含水量减少微弱时，以土壤中的毛管悬着水为主，含水量接近于田间持水量；饱和含水量和田间持水量间的差值，反映的是土壤的给水度[8]。可见，土壤水分特征曲线是研究土壤水分运动、调节利用土壤水、进行土壤改良等方面的最重要和最基本的工具。

影响土壤水分特征曲线的因素主要有：土壤质地、结构和容重（有机质含量高的土壤除外）。其中，质地对水分特征曲线的影响最为明显，在相同的含水量下，质地越细，水吸力就越大，使得较小的含水量变化就能引起水吸力发生较大的变化，曲线则越陡；反之质地越粗，吸力就越小，较大的含水量变化仅引起水吸力发生较小的变化，曲线越平缓。此外，结构对土壤水分特征曲线的影响主要在接近饱和含水量段。当团聚体含量多时，大孔隙数量多，大孔隙中的水受的吸力小，当大孔隙中水分排出，土壤水吸力仅发生较小的增加，曲线趋于平缓；相反，当团聚体含量少时，低吸力下保持的水分数量少，一旦这些水分排出，吸力就有较大的增加，曲线较陡。因此，当土壤团聚体数量较多时，曲线开始时必先经过一平缓上升段，而后转入急速上升，团聚体含量越多，曲线开始时的上升段越平缓；当土壤比较分散，团聚体含量比较少时，曲线一开始就上升很快，而后则经历一段缓慢上升，最后才转入急速上升，使得曲线呈典型的S形。容重对水分特征曲线的影响是由于容重增大时，土壤孔隙被压缩，大孔隙数量减少，饱和含水量降低所致的，此时曲线的斜率（尤其是接近饱和含水量时的斜率）会增大[9]。

1.2.3.4 土壤的通气性

土壤是一个开放的耗散体系，土壤空气在土体内不断运动，并与大气进行交换，这种土壤空气与大气之间的交换和土壤内部允许空气流通和交换的性能称为土壤的通气性。通气的机制主要有两种：一种是气体对流；另一种是气体扩散。在土壤污染控制和修复工作中，想要修复技术达到理想的效果，必须要考虑土壤通气性。表征土壤通气性的指标主要有通气孔隙度、氧扩散率、氧化还原电位三种。

（1）通气孔隙度　土壤通气孔隙度即非毛管孔隙度。由于土壤空气扩散速率和通气孔隙度呈线性相关，所以土壤通气孔隙度越大，通气性越好。一般来说，通气孔隙度<10%为通气不良，在10%～15%范围为通气中等，在15%～20%范围为通气良好。

（2）氧扩散率　氧扩散率是指单位时间扩散通过单位土壤截面的氧的质量，单位为 $g/(cm^2 \cdot min)$。氧扩散率的大小是土壤空气中氧补给速度快慢的标志。氧扩散率会随着土层深度增加而递减，一般在 $30\times10^8 \sim 40\times10^8 g/(cm^2 \cdot min)$ 以上，作物能正常生长。

（3）氧化还原电位　土壤通气状况在很大程度上决定了其氧化还原电位。土壤溶液中氧气多，变价化合物处于高价氧化态时，土壤氧化还原电位值大；反之若氧气少，变价化合物处于低价还原态，土壤氧化还原电位值小。氧化态和还原态一般以300mV氧化还原电位值为界，大于此值土壤为氧化态，小于此值土壤为还原态。

1.2.4 土壤的化学性质

土壤的化学性质能够影响土壤中化学过程、物理化学过程、生物化学过程以及生物过程的进行，其中比较重要的化学性质有土壤的酸碱性、缓冲性、氧化还原性质、配位反应、吸附性、表面电化学性质与胶体特性等。这些性质深刻影响土壤的形成与发育、养分循环、保肥能力、缓冲能力和自净能力，同时也对土壤重金属等污染物的行为产生很大的影响。

1.2.4.1 土壤的胶体结构、种类及特性

（1）土壤的胶体结构和种类　土壤胶体是土壤中最细微的颗粒，它与土壤吸收性能关系密切。土壤胶体颗粒粒径小，表面积大，对土壤养分的保持、供应以及对土壤的酸碱性、缓冲性、胀缩性等理化性质有重要影响。土壤胶粒的

粒径范围一般为 1～100nm，但实际上土壤中小于 1000nm 的黏粒都具有胶体的性质，所以在研究土壤胶体的基本性质时，应把 1～1000nm 的土粒纳入研究范围。

土壤胶体由胶核、吸附层（包含决定电位离子层和非活性补偿离子层）和扩散层三部分组成，其构造示意如图 1-1 所示。中心部分为胶核，是胶体的固体部分，一般由含水二氧化硅、三氧化二铁、三氧化二铝、次生铝硅酸盐、腐殖质或蛋白质等分子团组成。吸附在胶核表面的一层离子，叫作内吸附层或决定电位离子层。靠近内吸附层的一层离子称为外吸附层或非活性补偿离子层，是吸附部分与内吸附层相反电荷的离子层，胶核与内、外吸附层共同构成了胶粒。由于内吸附层的离子数目多于外吸附层，所以胶粒是带电的，电性与内吸附层相同。胶粒电荷不足，需由吸附层外的扩散层补偿离子，而扩散层中离子的活性比外吸附层的离子大得多，因此会与土壤溶液进行离子交换。土壤中大多数矿物质胶体是层状结构的，例如硅酸盐类黏土矿物质，只有土壤有机胶粒或无定形的氢氧化铁、氢氧化铝、含水氧化硅和水铝英石等矿物质胶体可认为是近似圆球形构造。

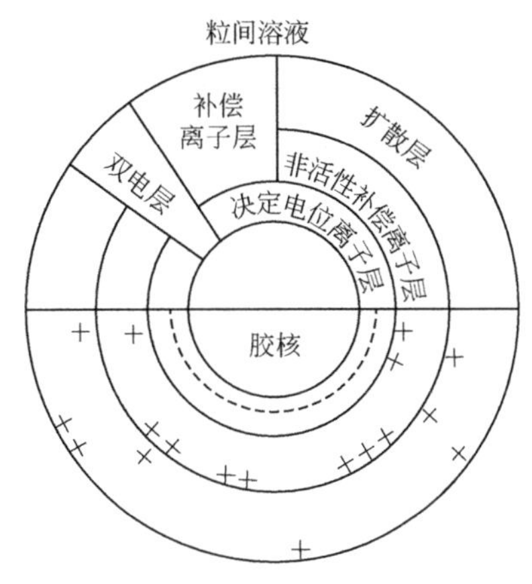

图 1-1　土壤胶体构造示意

土壤胶体按其成分和来源可分为无机胶体、有机胶体和有机-无机复合体。

无机胶体在数量上远比有机胶体多，主要是土壤黏粒，又称矿物质胶体，它包括铁、铝、硅等元素的含水氧化物类黏土矿物和层状硅酸盐类黏土矿物。铁、铝、硅等含水氧化物类矿物属两性胶体，它的带电情况主要由土壤的酸碱反应决定，酸性条件（一般指 pH＜5）带正电荷，碱性条件下带负电荷。层状硅酸盐类矿物的化学成分和水化程度各不相同，但从外部形态上看都是极细微的结晶颗粒，从内部构造上看都是由两种基本结构单位（硅氧四面体和铝氧八面体）构成的，都含有结晶水。

有机胶体的主体是腐殖质，另外还有少量蛋白质、多肽、氨基酸、纤维素等。腐殖质是一类相对分子质量大、结构复杂的高分子化合物，具有明显的胶体性质。值得注意的是，土壤中还有大量的微生物，也具有胶体性质。与其他胶体相比，有机胶体在土壤中的含量并不高，但其性质极为活跃，带负电荷比无机胶体多，阳离子交换量可高达 300～500cmol(＋)/kg。大多数有机胶体是非晶质的，具有高度的亲水性，可以吸附大气中的水分子，吸水最大量可以达到自身质量的80%～90%。

土壤中有机胶体一般很少单独存在，绝大部分与无机胶体紧密结合在一起形成有机-无机复合体，其形成过程十分复杂。通常认为范德华力、氢键、静电引力、阳离子键桥等是土壤有机-无机复合胶体键合的主要机理，复合体形成过程中可能同时有两种或多种机理起作用。

（2）土壤胶体特性　首先，土壤胶体具有较大的比表面积和表面能。比表面积是指单位质量或单位体积物体的总表面积（cm^2/g 或 cm^2/cm^3），即：

$$比表面积=\frac{总表面积}{质量(体积)} \tag{1-8}$$

从式（1-8）可知，质量一定的物体，颗粒越细则比表面积越大。例如腐殖质颗粒很细小，但具有非常大的比表面积，腐殖质的比表面积可达 $1000m^2/g$；有些无机胶体，不仅有巨大的外比表面积，还因为内部晶层之间可扩展而具有很大的内比表面积。

表面能是指界面上的物质分子所具有的多余的不饱和能量，按照热力学定律，多余的能量消耗在与外界其他分子的作用上，从而达到稳定状态。土壤的吸附作用实际上就是表面能作用的结果，比表面积越大，表面能越高，随着比表面积和表面能的增大，土壤胶体的胀缩性、黏着性等性质会明显增强。

其次，土壤胶体具有带电性。电荷根据其稳定性可分为永久电荷和可变电荷。电荷不同稳定性主要由黏土矿物的同晶置换、胶体表面分子解离、晶格边缘断键和胶体表面吸附离子引起。

同晶置换是指在晶体形成过程中，组成矿物的中心离子被电性相同、大小相近的离子代替，而晶格构造保持不变的现象。同晶置换产生的负电荷存在于晶体内部，晶体一旦形成后，负电荷不会随着外界环境（pH值、电解质浓度等）的改变而改变，属永久电荷。经同晶置换的黏粒会带有大量的负电荷，能吸附保存大量的阳离子，使土壤保肥性能良好。

表面分子解离是大多数胶体产生可变电荷的主要原因。一般情况下，介质pH值高，基团解离氢离子能力强，产生负电荷；当土壤胶体不产生可变电荷，此时的pH值称为可变电荷的电荷零点；介质pH值小于电荷零点时，土壤胶体带正电荷。

晶格边缘断键和胶体表面吸附离子也是土壤胶体产生可变电荷的原因之一，如硅酸盐黏土矿物在风化破碎时晶层断裂，硅氧片和水铝片的断裂边角上会出现电荷，一般以负电荷为主；铁铝氢氧化物胶体从较高pH值的介质中吸附磷酸根离子、氢氧根离子而带负电荷，pH 值小于电荷零点时吸附氢离子带正电荷。

土壤胶体还具有可逆和不可逆的凝聚作用和分散作用，直接影响土壤的结构性、通透性等。土壤胶体存在着凝胶和溶胶两种状态，在一定条件下可相互转化。由溶胶变为凝胶，叫作凝聚作用；反之，由凝胶变为溶胶，叫作分散作用。凝聚作用和分散作用主要受胶粒之间的静电斥力和分子间引力影响，两种力的大小又与胶粒之间的距离和胶粒静电荷数量有关。并非所有凝胶都能再变为溶胶，有些是不可逆的。如由 Fe^{3+}、Al^{3+}、Ca^{2+}、Mg^{2+} 等阳离子所引起的胶凝，其形成的凝胶一般都属于很难或不能再溶的胶体，所形成的土壤结构是水稳性的；而由一价阳离子（如 K^{+}、Na^{+}、NH_4^{+} 等）所引起的胶凝是可逆的。土壤胶体处于凝胶状态时，对土壤理化性质有良好的作用，成为溶胶状态时，土壤黏着性、可塑性增大。

土壤胶体对土壤环境的影响是不容忽视的。胶体在土壤环境中的吸附和迁移行为不仅对污染物的归趋产生很大影响，而且还有可能改变土壤的结构和性质[10]。相对于土壤环境中的其他大颗粒，胶体能与污染物发生强烈的吸附和络合反应，发生释放、沉积、聚合、迁移等环境行为，从而影响污染物的迁移转化、生物有效性和生化毒理特征[11,12]。由于土壤胶体的存在，重金属等污染物在土壤介质中的迁移可由固-液两相介质转变为固-液-胶体三介质，各种外源污染物进入土壤环境之后，与土壤胶体或腐殖质发生物化吸附或产生沉淀，进入到土壤固相基质或溶液之中。尤其是对重金属，土壤胶体会产生强烈的吸附作用，这种吸附包括非专性吸附和专性吸附。非专性吸附速度较快，主要是金属阳离子或阴离子通过在双电层中以库仑力与胶体结合而被吸附；专性吸附速度较慢，金属离子在胶体颗粒内层与氧原子或羟基结合形成络合物，或金属离子与土壤颗粒、金属氧化物产生共沉淀。土壤胶体的吸附作用以及土壤介质的多样性又影响着重金属的迁移，使得重金属元素在土壤中的存在形式各不相同。例如受铅锌冶炼厂污染较重的土壤中，50%的铅以胶体形式存在，95%的锌以溶解态存在，剩余的锌也以胶体形态存在[13]；淋溶土中 75%的铅以胶体形式存在，然而锌和镉主要以溶解态存在，不同的土壤类型和用途会使得锌与胶体的结合状态不同[14]。

1.2.4.2　土壤酸碱度

土壤酸碱度，是土壤中化学和生物反应的综合反映。微生物活动、有机质的合成与分解、土壤保持养分的能力以及土壤发生过程中元素的迁移等，都与土壤酸碱度有关。土壤酸碱度影响着土壤重金属的生态效应、环境效应，是影响重金属临界含量和环境容量的重要因素之一。土壤酸碱度是土壤酸度和碱度的总称，常用pH值表示，分为七级[15]：酸性极强（pH值小于4.5）、强酸性（pH值4.5～5.5）、酸性（pH值5.5～6.5）、中性（pH值6.5～7.5）、碱性（pH值7.5～8.5）、强碱性（pH值8.5～9.5）、碱性极强（pH值大于9.5）。我国长江以北地区土壤多为中性和碱性，大部分土壤pH值在7.0～8.5范围；长江以南地区多为强酸和酸性土壤，大部分土壤pH值在5.0～6.5之间。土壤pH值主要由土壤母质、生物、气候以及人为作用等各种因素控制，是影响重金属元素溶解性的主要因素，同时影响着土壤溶液中各种元素的形态分布，是土壤重金属污染评价的一个重要参评指标。

（1）土壤酸度　含有二氧化碳雨水的长期淋溶作用、土壤中生物的呼吸作用、有机质的分解、土壤中硫化物的氧化以及施用酸性肥料等，都能使土壤变成酸性。土壤酸度分为活性酸度、交换性酸度和水解性酸度（非交换性酸度）三种。活性酸度用pH值或pK（强度指标）表示，交换性酸度和水解性酸度以cmol/kg表示。土壤酸度直接影响钾、钙、镁，特别是有效磷的供应，也使一些微量元素的有效性受到制约，同时对土壤的物理化学和生物性质产生不良影响。

（2）土壤碱度　土壤中碱性物质主要是钙、镁、钠的碳酸盐和重碳酸盐，以及胶体表面吸附的交换性钠。形成碱性反应的主要机理是碱性物质的水解反应，如碳酸钙的水解、碳酸钠的水解及交换性钠的水解等。土壤碱度通常以pH值作为强度指标，以碱化度ESP（即土壤交换钠含量占交换总量的百分率）作为容量指标。碱化度是盐碱土分类、利用、改良的重要指标，一般把碱化度大于20%的土壤定为碱土，5%～20%定为碱化土（其中，15%～20%定为强碱化土，10%～15%定为中度碱化土，5%～10%定为轻度碱化土），其计算公式为：

$$\text{碱化度}(\%)=\frac{\text{交换性钠}[\mathrm{cmol}(+)/\mathrm{kg}]}{\text{阳离子交换量}[\mathrm{cmol}(+)/\mathrm{kg}]}\times 100\% \tag{1-9}$$

土粒分散、湿时泥泞、不透气、不透水、干时硬结、耕性极差，土壤理化性质所发生的这一系列变化称为碱化作用。当碱化度达到一定程度时，土壤呈极强的碱性反应，此时pH>8.5，甚至超过10.0。

1.2.4.3　土壤的氧化性和还原性

土壤中有许多有机和无机的氧化性和还原性物质，使土壤具有氧化还原特性。通常氧化剂主要是氧气、硝酸根离子和高价金属离子；还原剂主要是有机质和低价金属离子。此外，土壤中植物的根系和土壤生物也是土壤发生氧化还原反应的重要参与者。

土壤氧化还原能力的大小可以用土壤的氧化还原电位来衡量。一般旱地土壤的氧化还原电位为 +400 ～ +700mV；水田的氧化还原电位在 −200～+300mV。根据土壤的氧化还原电位值可以确定土壤中有机物和无机物可能发生的氧化还原反应和环境行为。

1.2.4.4　土壤中的配位反应

在土壤这个复杂的体系中，配位反应是广泛存在的。金属离子和电子供体结合而成的化合物称为配位化合物，其中具有环状结构的配位化合物，称为螯合物，比简单的配合物具有更好的稳定性。土壤中常见的无机配位体有 Cl^-、SO_4^{2-}、CO_3^{2-}、OH^-，以及特定土壤条件下存在的硫化物、磷酸盐等，它们均能取代水合金属离子中的配位分子，与金属离子形成稳定的螯合物或配离子，从而改变金属离子（尤其是重金属离子）在土壤中的生物有效性。

有机物在土壤中能产生螯合作用，参与的基团主要包括羟基、羧基、氨基、亚氨基、羰基和硫醚等，富含这些基团的有机物包括腐殖质、木质素、多糖类、蛋白质、单宁、有机酸和多酚等，其中含量最多的是腐殖质。土壤中能被螯合的金属离子主要有 Fe^{3+}、Fe^{2+}、Al^{3+}、Cu^{2+}、Zn^{2+}、Ni^{2+}、Pb^{2+}、Co^{2+}、Mn^{2+}、Ca^{2+}、Mg^{2+} 等，各元素形成的螯合物稳定性各不相同，一般会随着土壤 pH 值的变化而变化。例如，在酸性土壤中，相对其他土壤离子，Fe^{3+}、Al^{3+}、Mn^{2+} 等浓度的增加使其竞争力增强；在碱性土壤中，Ca^{2+}、Mg^{2+} 等浓度增加，Fe^{3+}、Mn^{2+}、Cu^{2+}、Zn^{2+} 等离子则因生成氢氧化物沉淀使其在土壤中的浓度降低，从而受到 Ca^{2+}、Mg^{2+} 等离子的强烈竞争。因此，各元素螯合态的比例差异很大。土壤中一些元素，如具有污染性的金属离子，在形成配合物后，其迁移、转化等特性发生改变，螯合态可能是其在溶液中的主要形态。

1.2.5　土壤的生物学性质

1.2.5.1　微生物特性

土壤中存在着由土壤动物、原生动物和微生物组成的生物群体。其中，土壤微生物是土壤生物的主体，种类繁多，数量巨大，特别是在土壤表层中，每克土壤含有以亿或十亿计的细菌、真菌、放线菌等微生物。

土壤微生物具有种类多样性，可推动土壤的发育和形成，参与土壤有机质分解和养分的转化等。土壤微生物还具有营养类型多样性和呼吸类型多样性。

根据微生物对营养和能量的要求，可分为化能有机营养型、化能无机营养型、光能有机营养型、光能无机营养型四大类。化能有机营养型又称化能异养型，所需能量和碳源直接来自土壤，大多数细菌、几乎全部真菌和原生动物都属于此类；化能无机营养型又称化能自养型，自身能利用空气中的二氧化碳或无机盐类物质获取能量，这种类型的微生物种类和数量不多，但在土壤物质转化中起到很重要的作用；光能有机营养型又称光能异养型，其以光能作能源，有机化合物作供氢体还原二氧化碳，合成细胞物质；光能无机营养型又称光能自养型，自身可利用光能进行光合作用，以无机化合物作为供氢体还原二氧化碳，合成细胞物质。根据微生物对氧气的要求不同，可分为好氧微生物、厌氧微生物和兼性微生物三种。土壤中大多数微生物需要以氧气作为呼吸基质，如芽孢杆菌、根瘤菌、固氮菌、假单胞菌、硝化细菌、硝酸细菌、放线菌、霉菌、藻类和原生动物等属于好氧微生物；呼吸不需要氧气，在缺氧环境生长的微生物（如梭菌、产甲烷菌、脱硫弧菌等）属于厌氧微生物；兼性微生物是在有氧和无氧环境中均能呼吸的微生物，如酵母菌、大肠杆菌等，对环境变化的适应性极强。

1.2.5.2 酶特性

土壤微生物不仅数量巨大且繁殖快，能够向土壤中释放土壤酶。土壤酶是一种具有生物催化能力和蛋白质性质的高分子活性物质，包括游离酶、胞内酶和胞外酶。目前已知的土壤酶约六十种，存在形式有游离态和吸附态，以吸附态为主。游离态土壤酶主要存在于土壤溶液中；吸附态土壤酶主要吸附在土壤胶体上，并以复合物状态存在。

土壤微生物所引起的各种生物、化学过程，全部是借助于土壤酶来实现的，它是土壤有机体代谢的动力，是评价土壤肥力高低、生态环境质量优劣的生物指标，它与有机物质矿化分解、矿物质营养元素循环、能量转移、环境质量密切相关，可表征土壤养分转化和运移能力的强弱，是评价土壤肥力的重要参数[16]。因此，土壤酶活性的研究是土壤生物学中的一项重要内容。土壤酶活性的垂直分布与水平分布具有一定规律性，在垂直方向上酶的活性随土壤层次加深而减弱；在水平方向上，根际内酶的活性大于根际外酶的活性。

1.2.5.3 脱氧核糖核酸特性

脱氧核糖核酸（DNA）是生物体主要遗传物质，土壤中的DNA包括胞内DNA和胞外DNA。其中胞外DNA来源于植物残体降解、花粉扩散，以及植物根系、动物、真菌、细菌的主动分泌和细胞裂解。胞外DNA是异养微生物的碳、氮、磷源，对细菌生物膜形成、微生物生态多样性以及遗传进化方面有着重要的作用。DNA 进入土壤后，可通过转化、结合、转导的方式在土壤中进行基因转移。一部分游离态 DNA 被土壤中的脱氧核糖核酸酶Ⅰ降解成寡聚核苷酸和无机养分，供动植物吸收；其他大部分 DNA 则被土壤中的腐殖酸、黏土矿物、砂粒吸附固定，从而对降解过程产生抗性，可在环境中持久存在。

1.3　土壤环境问题及面临的挑战

1.3.1　我国土壤环境问题及污染现状

土壤污染问题的凸显通常发生在大气污染问题和水污染问题之后，土壤作为各种人为和自然污染物的“汇集地”，世界上大部分的污染物最终将会滞留在土壤中，这导致我国的土壤环境问题呈现出“集中式”“复合式”“爆发式”的特点。土壤污染的特点主要有：隐蔽性和滞后性，对于人的直观感觉，土壤污染比空气污染、水体污染更加隐蔽；区域性，土壤污染比较集中在某一范围；不可逆性、累积性和难恢复性，通常情况下，土壤不具备和水体相同的自净能力，重金属、持久性有机污染物等一旦进入土壤会不断积累，六六六和滴滴涕在我国已经禁用二十多年，至今在土壤和农作物中仍有很高的检出率和检出浓度。

我国土壤污染类型复杂：从土地利用类型看，同时存在农用地和建设用地污染问题；从污染物类型看，同时存在无机、有机和二者复合污染；从污染途径看，废气排放及大气扩散、废水排放及河流扩散、固体废物随意扩散等同时存在；从污染物数量看，大部分是多种污染物复合存在，尤其是工业污染场地土壤和地下水中有几十甚至上百种污染物共同存在；从环境介质看，土壤污染往往与地下水、地表水、大气等污染同时出现[17]。局域性土壤污染严重主要由工矿企业排放污染物造成；范围较大的耕地土壤污染主要受农业生产活动的影响；一些区域性、流域性、突发性土壤污染则是由水、气、固废与自然背景叠加的结果[18]。

根据 2014 年《全国土壤污染状况调查公报》[19]，全国土壤总的点位超标率为 16.1%，其中轻微、轻度、中度和重度污染点位比例分别为 11.2%、2.3%、1.5%和 1.1%。污染类型以无机型为主，有机型次之，复合型污染比重较小，无机污染物超标点位占全部超标点位的 82.8%。从污染分布情况看，南方土壤污染重于北方；长江三角洲、珠江三角洲、东北老工业基地等部分区域土壤污染问题较为突出，西南、中南地区土壤重金属超标范围较大；镉、汞、砷、铅4种无机污染物含量分布呈现从西北到东南、从东北到西南方向逐渐升高的态势。镉、汞、砷、铜、铅、铬、锌、镍8种无机污染物点位超标率分别为7.0%、1.6%、2.7%、2.1%、1.5%、1.1%、0.9%、4.8%。六六六、滴滴涕、多环芳烃3类有机污染物点位超标率分别为0.5%、1.9%、1.4%。全国土壤环境状况总体不容乐观，部分地区土壤污染严重，耕地土壤环境质量堪忧，重污染企业或工业密集区、工矿开采区及周边地区、城市和城郊地区土壤环境问题突出。

现阶段，由于我国多年累积的土壤环境问题已逐步显现，呈现出新、老污染物并存，无机、有机复合污染的特征，局部地区已经出现中度和重度土壤污染，对农产品质量安全和人体健康构成了严重威胁。

1.3.2 土壤环境质量的重要性及面临的挑战

土壤是农业生产最基本的生产资料，是人类环境各组成要素中物质与能量交换的枢纽[20]。良好的土壤环境质量能够促进植物、动物和人类的健康，是土壤健康与安全的保障，对维持生物多样性、保护生态系统服务功能及环境可持续发展有重要的意义[21-24]。现阶段，全球土壤安全正面临着六大挑战：粮食安全、水安全、能源安全、气候变化、生物多样性、生态系统服务。

土壤健康和土壤安全问题对人类生存环境的影响主要表现在以下几方面：

① 影响农作物产量和品质。土壤污染会造成作物减产，农作物可能会吸收富集各种污染物，影响农产品质量。如湖北省大冶地区长期受有色金属冶炼的污染物排放影响，土壤镉污染严重，造成稻谷和蔬菜中镉严重超标；2001年广西壮族自治区环江毛南族自治县铅锌矿区多个选矿厂尾砂库因洪水灾害造成垮坝，致使沿岸五千多亩（1亩＝667m^2）农田受到严重污染。

② 严重危害人民群众身体健康。人们长期食用受污染农产品可能对健康造成损害，住宅、商业、工业等建设用地土壤污染还可能经口摄入、皮肤接触和呼吸等途径危害人体健康。如广东省翁源县大宝山矿区长期不合理的矿产资源开采，造成周边农田及农作物严重污染，导致位于下游的上坝村村民重病频发。

③ 威胁生态环境安全。土壤污染影响植物、动物和微生物的生存和繁衍，危及正常的土壤生态过程和生态系统服务功能。土壤中的污染物可能发生转化和迁移，继而进入地表水、地下水和大气环境，影响周边环境介质的质量。

参 考 文 献

[1] 彭马劭. 论政府责任规制下的土壤环境保护问题[C] //环境保护部政策法规司，中国环境资源法学研究会，上海财经大学，上海政法学院. 2014 年《环境保护法》的实施问题研究——2015 年全国环境资源法学研讨会(年会)论文集. 武汉：中国法学会环境资源法学研究会，2015：798-804.

[2] 张胜田. 基于国家环境管理需要的土壤环境功能区划体系探讨[C]//中国环境科学学会. 2011 中国环境科学学会学术年会论文集(第二卷)[C]. 北京：中国环境科学学会，2011：588-592.

[3] 黄建辉，韩兴国. 森林生态系统的生物地球化学循环:理论和方法[J]. 植物学通报，1995(S2)：195-223.

[4] 地理学名词审定委员会. 地理学名词[M]. 2 版. 北京：科学出版社，2007.

[5] 龚子同，张甘霖. 人为土壤形成过程及其在现代土壤学上的意义[J]. 生态环境，2003(2)：184-191.

[6] 赵云城，严建辉. 国外资源、能源和环境统计资料汇编. 北京：中国统计出版社，2013：77.

[7] 关连珠. 普通土壤学[M]. 2 版. 北京：中国农业大学出版社，2016.

[8] 黄晓波，高冰可. 土壤水分特征曲线研究综述[J]. 农技服务，2016，33(04)：22-23，27.

[9] 李小刚. 影响土壤水分特征曲线的因素[J]. 甘肃农业大学学报，1994(03)：273-278.

[10] Majdalani S，Michel E，Di-Pietro L，et al. Effects of Wetting and Drying Cycles on in Situ Soil Particle Mobilization[J]. Europen Journal of Soil Science，2008，59：147-155.

[11] Ben-Moshe T，Dror I，Berkowitz B. Transport of Metal Oxide Nanoparticles in Saturated Porous Media[J]. Chemospher，2010，81 (3)：387-393.

[12] Vignati D，Dominik J. The Role of Coarse Colloids as a Carrier Phase for Trace Metals in Riverine Systems[J]. Aquatic Science，2003，65(2)：129-142.

[13] Denaix L，Semlali R M，Douay F. Dissolved and Colloidal Transport of Cd，Pb and Zn in a Silt Loam Soil Affected by Atmospheric Industrial Deposition[J]. Environ Pollut，2001，114(1)：29-38.

[14] Citeau L，Lamy I，van Oort F，et al. Colloidal Facilitated Transfer of Metals in Soils Under Different Land Use[J]. Colloid Surface A，2003，217(1/3)：11-19.

[15] 李晓平. 土壤酸碱度与肥效的关系[J]. 农家参谋，2014(06)：10.

[16] 刘善江，夏雪，陈桂梅，等. 土壤酶的研究进展[J]. 中国农学通报，2011，27(21)：1-7.

[17] 林玉锁. 我国目前土壤污染治理工作的进展情况[J]. 世界环境，2016(04)：18-20.

[18] 庄国泰. 我国土壤污染现状与防控策略[J]. 中国科学院院刊，2015，30(04)：477-483.

[19] 环境保护部，国土资源部. 全国土壤污染状况调查公报(2014 年 4 月 17 日)[J]. 环境教育，2014(06)：8-10.

[20] 杜艳，常江，徐笠. 土壤环境质量评价方法研究进展[J]. 土壤通报，2010，41(03)：749-756.

[21] 章家恩. 土壤生态健康与食物安全[J]. 云南地理环境研究，2004(04)：1-4.

[22] 周启星，熊先哲. 土壤环境容量及其应用案例研究[J]. 浙江农业大学学报，1995(05)：539-545.

[23] 沈仁芳，滕应. 土壤安全的概念与我国的战略对策[J]. 中国科学院院刊，2015，30(04)：468-476.

[24] 朱永官，李刚，张甘霖，等. 土壤安全：从地球关键带到生态系统服务[J]. 地理学报，2015，70(12)：1859-1869.

第2章

土壤重金属的理化性质及环境危害

重金属的密度一般大于4.5g/cm^3，如铜、锌、铅、镉、铬、汞、金、银等都是重金属。砷和硒是类金属，因具有与重金属元素非常相似的理化性质，并且表现出了重金属元素所具有的环境行为，因而将其也纳入重金属元素的行列。从环境学研究意义上来讲，重金属元素指的是铅、镉、铬、汞以及类金属砷等具有极强生物毒性的元素，由于这五种重金属毒性最强，又被称为“五毒”。我国将14种重金属列为污染防治重点，铅、镉、铬、汞和类金属砷为第一类，镍、铜、锌、银、钒、锰、钴、铊、锑为第二类[1]。美国国家环境保护局（USEPA）列出13种要特别注意的有毒重金属，即铜、锌、铅、镉、铬、砷、镍、汞、铊、锑、硒、银、铍等。

2.1 铅

铅是自然界常见元素之一，通常以痕量存在，属亲硫元素，也具有亲氧性。在自然界中，当铅以无机化合物形式存在时，其化合价一般为二价；当以共价化合物存在时，也可以以四价铅的形式存在。铅蒸气遇空气将会迅速氧化成氧化亚铅，凝集为烟尘或形成气溶胶。地壳中铅的平均丰度为12.5mg/kg，土壤中铅的平均背景值为15～20mg/kg，岩石和矿物的风化作用和火山喷发是地壳中铅移动的主要过程，岩石风化成土过程中，大部分铅仍保留在土壤中，无污染土壤中的铅来自成土母质。铅污染环境介质后随各种途径进入农产品中，动物体内的铅有 90%来自农产品或食物。铅有蓄积作用，进入人畜体内后主要分布于肝、肾、脾、胆、脑中，其中以肝、肾中的浓度最高，随后铅就会从以上组织转移到骨骼，以不溶性磷酸铅形式沉积下来，人体内约 90%～95%的铅积存在骨骼中，只有少量积存在肝、脾等脏器中。铅是一种慢性和积累性毒物，难以被发现，一旦表现出症状就比较严重，可致癌、致畸和引起神经系统损害。

2.2 镉

镉可溶于酸，不溶于碱，在潮湿空气中发生缓慢氧化后失去金属光泽，加热时表面形成棕色的氧化物层，若加热至沸点以上，则会产生氧化镉烟雾，氧化态通常为正一价、正二价。在高温条件下，镉能与卤素发生激烈反应，形成卤化镉。镉也可与硫直接化合生成硫化镉。镉可形成多种配离子，如 $Cd(NH_3)$、Cd(CN)、CdCl 等。镉在自然界中常与锌、铅共生，地壳中镉丰度为 0.20mg/kg。土壤中镉来自于自然因素（岩石和土壤的本底值）和人为因素。人为污染因素主要是由于镉在电镀、颜料、塑料稳定剂、镍镉电池、电视显像管制造中的日益广泛应用。

镉是人体、动植物生长的非必需元素，对人体有强烈的致癌性，主要危害人体呼吸系统、神经系统、骨骼组织等，引起人体中毒的剂量为 100mg。镉的毒性高且蓄积作用较强，长期摄入微量镉，通过器官组织中的积蓄还可引起骨痛症，例如日本因镉中毒曾出现“骨痛病”。镉的蓄积对植物的生长发育、光合作用、酶活性、可溶性蛋白和可溶性糖的含量、植物产品的产量和品质均产生不良影响。

2.3 砷

砷有黄、灰、黑褐三种同素异形体，化合价有正三价和正五价。游离的砷相当活泼，与氟和氮化合，在加热条件下亦与大多数金属和非金属发生反应。砷不溶于水，溶于硝酸和王水，也能溶解于强碱。砷在地壳中的平均含量一般都在百万分之几的范围内。土壤砷的本底主要来自成土母质，其浓度高低和分布由成土过程的环境因素所决定：除一些特殊的富砷地区外，土壤中砷的含量一般不会超过 15mg/kg。但是高砷地区水侵蚀、植物吸收和火山活动等自然过程，可使土壤中的砷逐步分散到环境中，对周边地区土壤及环境中砷的含量产生较大影响，并可能导致土壤中砷含量超标乃至污染。土壤中砷的含量及形态直接影响作物的生长和品质，并与人类健康息息相关。砷是一种具有较强毒性和致癌作用的元素，可引起皮肤、膀胱、肝脏、肾、肺、前列腺以及冠状动脉等患病，还可导致黑足病等慢性砷中毒。

2.4 汞

汞俗称水银，是唯一在常温下呈液态并易流动的金属。汞溶于硝酸和热浓硫酸，不溶于稀硫酸、盐酸和碱，汞蒸气有剧毒。一般汞化合物的化合价是正一价、正二价，具有强烈的亲硫性，即在常态下，很容易与硫的单质化合并生成稳定化合物。土壤中汞的来源有天然释放和人为两个方面。自然原因：火山活动、自然风化、土壤排放和植被释放等。汞污染的人为来源主要有：①采集、运输和加工含汞的矿石；②工业废水的排放；③燃料、纸和固体废物的燃烧；④农业耕作中不合理地施用含汞肥料和农药及污水灌溉；⑤熔炉的排放。汞污染具有污染持久性、生物富集性和剧毒性等特点，对环境及人体健康有巨大的危害。

汞和汞盐都是危险的有毒物质，严重的汞盐中毒可以破坏人体内脏的机能，常常表现为呕吐，牙床肿胀，齿龈炎症，心脏机能衰退（脉搏减弱、体温降低、昏晕）。$HgCl_2$ 的致死剂量为 0.3g。当前汞已被各国政府及 UNEP、WHO 及 FAO 等国际组织列为优先控制且最具毒性的环境污染物之一。

2.5 铬

铬在潮湿的空气中稳定，加热时与氧化合而形成 Cr_2O_3。铬不溶于水。金属铬在酸中一般以表面钝化为特征，一旦去钝化后，即易溶解于几乎所有的无机酸中（除硝酸），可溶于强碱溶液。常见的铬化合物的化合价有二价、三价和六价，六价铬的毒性最大，三价铬次之，二价铬毒性最小。铬的自然来源主要是岩石风化，地壳中所有岩石中均有铬的存在，主要以铬铁矿（$FeCr_2O_4$）形式存在。在未受铬污染的土壤中，铬含量与地壳中铬的含量基本一致。在不同母质岩上发育的土壤，其铬含量有较大差异，影响土壤中铬含量高低差异的主要原因是母质的不同。铬主要用于制不锈钢、汽车零件、工具、磁带和录像带等。电镀、制革、制药、研磨剂、防腐剂、染料、媒染剂以及催化剂合成等行业排放的废水、废气和废渣，是环境中铬的人为来源。

铬是人和动物的微量营养元素之一，也是人畜体内分泌腺组成的成分之一，环境中的铬及其化合物可通过呼吸道、消化道、皮肤及黏膜等途径，随空气和食物等介质进入体内。六价铬可穿过红细胞膜与血红蛋白结合，更易为人体吸收，在体内蓄积。

2.6　铜

自然界中的铜，多数以一价或二价化合物状态存在。一价铜多存在于矿物中，有氧化亚铜形式和硫化亚铜形式；环境中的铜主要以二价铜离子存在，二价铜可和无机配位体形式络合物。铜是强烈的亲硫元素，与硫、硅酸盐、氧化物和碳酸盐形成的结构有很强的共价键，因此，铜主要以硫化合物和含硫盐矿物存在，自然界中已发现的含铜矿物超过 170 种。铜在地壳中的平均丰度在 20～55mg/kg 之间，我国表层土壤中铜的分布范围在 1.2～62.1mg/kg 之间。土壤中铜的自然来源有：①非成矿基岩和其他母质的风化；②成矿岩石和伴生母岩物质的风化。铜的人为排放源：含铜矿产的开采；冶炼厂“三废”的排放；含铜杀菌剂的长期大量使用；城市污泥的堆肥利用等。

铜是人体健康不可缺少的微量营养素，对于血液、中枢神经和免疫系统，头发、皮肤和骨骼组织，以及大脑和肝、心等内脏的发育和功能有重要影响。过多的铜进入人体内可引起威尔逊氏症（一种染色体隐性疾病）；可引起肝脏损坏，出现慢性、活动性肝炎症状；可引起神经组织病变，出现小脑运动失常和帕金森综合征；可引起肾脏病变，出现氨基酸尿、糖尿、蛋白尿、磷酸盐尿和尿酸尿。

2.7　锌

在天然环境中，锌以二价状态存在，可与有机络合剂氨基酸及其他有机酸发生络合作用，并且能被无机胶体和有机胶体吸附。土壤中锌的主要来源有：①在自然界的各种岩石中，以玄武岩、沉积岩含量最高，砂岩、石灰岩含量较低。②以独立的矿物形式存在，由于 Zn^{2+} 与 Fe^{2+} 等的半径相近，使锌常存在于含铁、镁的造岩硅酸盐及铁的氧化物中。③锌的人为排放，主要集中在镀锌工业、机械制造业、汽车工业等行业，以及含锌矿物的开采、熔锌、冶炼等工业“三废”的排放。

锌是人体必需的一种元素，大部分锌集中在肌肉和骨骼内，摄入过量的锌对人体健康有不利的影响，甚至会引起锌中毒，其症状主要有：呕吐、肠功能失调和腹泻，或由于胃穿孔引起腹膜炎、休克死亡。另外，若吸入大量的氧化锌烟尘后，也可引起锌中毒，其表现为全身无力、头痛、恶心、腹痛等，严重时可引发支气管炎、呼吸困难、缺氧等，并发展成肺炎。

2.8 锰

锰是一种过渡金属，化合价有正二价、正三价、正四价、正六价和正七价，其中以正二价（Mn^{2+}的化合物）、正四价（二氧化锰，为天然矿物）、正七价（高锰酸盐，如 $KMnO_4$）和正六价（锰酸盐，如 K_2MnO_3）为稳定的氧化态。锰在空气中易氧化，生成褐色的氧化物覆盖层。土壤含锰量在 20～10000mg/kg 之间，平均值为 1000mg/kg。在岩石风化为土壤的过程中，锰既不因土壤淋溶而损失，也不会大量富集。锰及其化合物在染料、油漆、颜料、火柴、肥皂、人造橡胶、塑料、农药等行业中用作原料，这些行业和锰的采矿场、冶炼厂产生的废水、废气和废渣（伴随降水和降尘），是土壤锰的主要污染源。

锰是人体必需的一种微量元素，但人体吸收过量锰会引起锰中毒，锰中毒通常只限于采矿和精炼矿石的人，长期接触锰可引起类似帕金森综合征或威尔逊氏症的神经症状。慢性锰中毒一般在接触锰的烟、尘 3～5 年或更长时间后发病。早期症状有头晕、头痛、肢体酸痛、下肢无力和沉重、多汗、心悸和情绪改变等。随着病情发展，出现肌张力增高、手指震颤、腱反射亢进、对周围事物缺乏兴趣和情绪不稳定等症状。后期出现典型的震颤麻痹综合征，有四肢肌张力增高、静止性震颤、言语障碍、步态困难以及不自主哭笑、强迫和冲动行为等精神症状。

2.9 镍

镍属于亲铁元素。地核含镍最高，是天然的镍铁合金。镍在稀酸中可缓慢溶解，释放出氢气而产生绿色的正二价镍离子（Ni^{2+}）；在氧化剂溶液（包括硝酸在内）中，均不发生反应。在自然界最主要的镍矿是红镍矿（砷化镍）与辉砷镍矿（硫砷化镍）。土壤中的镍主要来源于岩石风化、大气降尘、灌溉用水（包括含镍废水）、农田施肥、植物和动物残体的腐烂等。植物生长和农田排水又可从土壤中带走镍[2]。金属镍几乎没有急性毒性，一般的镍盐毒性也较低，但冶炼镍矿石及冶炼钢铁时，部分矿粉会随气流进入大气。在焙烧过程中也有镍及其化合物排出，主要为不溶于水的硫化镍、氧化镍、金属镍粉尘等，成为大气中的颗粒物。燃烧生成的镍粉尘遇到热的一氧化碳，会生成易挥发的、剧毒的致癌物羰基镍。羰基镍以蒸气形式迅速由呼吸道吸收，也能由皮肤少量吸收。镍具有富集性、长期性和非移动性，一旦污染土壤，在土壤多种组分的共同作用下，可发生物理、化学和生物作用。

2.10 钒

钒常见化合价为正五价、正四价、正三价和正二价，最稳定的价态为五价，五价钒化合物具有氧化性。钒在空气中不被氧化，可溶于氢氟酸、硝酸和王水。不同价态的钒离子有不同的颜色：VO_2^+ 为浅黄色或深绿色，VO^{2+} 为蓝色，V^{3+} 为绿色，V^{2+} 为紫色。钒盐包括偏钒酸铵、偏钒酸钠、偏钒酸钾、正钒酸钠、焦钒酸钠、硫酸氧钒、草酸氧钒、四氯化钒等卤化钒类、三氯氧钒等卤氧化钒类，颜色种类繁多。钒在自然界中分布较广，地壳中丰度约为 0.02%，约占地壳质量的 0.6%。土壤中钒平均含量为 90mg/kg，来源主要有：成土母质；钒的人为排放源，包括工业废渣、废气中钒的扩散，大气沉降、积累；含钒废水灌溉农田；金属矿山含钒废弃物的堆积等。

钒是生物体内所必需的微量元素之一，对于植物而言，五价钒的毒性最大，VO_2^+ 为生物无效，VO_3^- 容易被植物吸收。植物从土壤中吸收的钒大部分积累在根中，过量会引起毒害作用。人体内钒含量大约为 25mg，在体内不易蓄积，因而由食物摄入引起的中毒十分罕见，但每天摄入 10mg 以上或每克食物中含钒 10～20μg，可引发中毒。通常钒累积到一定浓度时，可导致生长缓慢、腹泻、咳嗽、肠道出现严重的血管痉挛、胃肠蠕动亢进和死亡。

2.11 钴

钴的常见化合价为正二价和正三价。钴在常温下不和水作用，在潮湿的空气中也很稳定。在空气中加热至 300℃以上时氧化生成 CoO，在白热时燃烧成 Co_3O_4。自然界中钴的存在形式有三种：①独立钴矿物；②呈类质同象或包裹体存在于某一矿物中；③呈吸附形式存在于某些矿物表面。其中以第二种存在形式最为普遍。土壤中钴的形态可分为交换态、碳酸盐结合态、易还原锰结合态、有机结合态、无定形氧化物结合态等。

钴是人体和植物所必需的微量元素之一，过量的钴却能够导致严重的中毒现象。人体内钴 14%分布于骨骼，43%分布于肌肉组织，43%分布于其他软组织中。经常注射钴或暴露于过量的钴环境中，可引起钴中毒，钴矿工、冶炼者在工作时染病时有发生。儿童对钴的毒性敏感，应避免使用每千克体重超过 1mg 的剂量。吸入钴化合物有时会出现支气管哮喘；研磨钴化物能引起急性皮炎，有时皮肤表面形成溃疡。金属钴和氧化钴的最高容许浓度为 0.5mg/m^3。硫酸钴粉尘对眼、鼻、呼吸道及胃肠道黏膜有刺激作用，可引起咳嗽、呕吐、腹绞痛、体温上升、小腿无力等，皮肤接触可引起过敏性皮炎、接触性皮炎。

2.12 铊

铊能与卤族元素反应；高温时能与硫、硒、碲、磷反应；铊不溶于碱，与盐酸的作用缓慢，但迅速溶于硝酸、稀硫酸中，生成可溶性盐；铊的卤化物在光敏性上与卤化银相似，能见光分解。铊在化合物中的化合价为一价和三价，一价的亚铊化合物比较常见，大多数可溶于水（包括氢氧化亚铊），有剧毒。铊在水、土壤、矿物岩石等环境介质中的自然分布含量均较低。土壤中铊污染的来源主要来自电子工业，以及含铅、锌、铜等硫化矿冶炼行业。

铊是一种人体非必需的微量元素。铊及其化合物的毒性高且蓄积作用较强，为强烈的神经毒物，并可引起肝、肾损害，有致突变和致畸作用，三价铊的毒性大于一价铊。

2.13　锑

锑主要以单质或辉锑矿、方锑矿的形式存在。金属锑不是一种活泼性很强的元素，仅在赤热时与水反应放出氢气，在室温中不会被空气氧化，但能与氟、氯、溴化合。锑易溶于热硝酸，形成水合的氧化锑；能与热硫酸反应，生成硫酸锑。锑在高温时可与氧反应，生成三氧化二锑，为两性氧化物，难溶于水，但溶于酸和碱。锑在地壳中的丰度为 0.0001%，世界土壤中锑的含量范围是 0.2～10mg/kg，土壤锑的背景浓度范围为 0.05～4mg/kg，通常＜1mg/kg；我国土壤锑的背景浓度为 0.38～2.98mg/kg。土壤中锑的来源主要有：①土壤母质；②含锑的城市垃圾废弃物；③农药污染源；④锑矿区冶炼；⑤大气沉降。锑在土壤中以 Sb(Ⅴ) 和 Sb(Ⅲ) 的形态存在，Sb(Ⅴ) 是主要存在形式。

锑过多摄入会对身体造成直接伤害。锑会刺激人的眼、鼻、喉咙及皮肤；持续接触可破坏心脏及肝脏功能；吸入高含量的锑会导致锑中毒，症状包括呕吐、头痛、呼吸困难，严重者可能死亡。

2.14　银

银在自然界中虽然也有单质存在，但绝大部分以化合态的形式存在，常温下不氧化，常见化合价有正一价、正二价和正三价。有两种稳定的同位素，质量数和丰度分别是 ^{107}Ag 51.35% 和 ^{109}Ag 48.65%。银在地壳中含量很少，仅 0.07mg/kg。我国土壤中银的平均值约 0.35mg/kg，主要来源有：①天然银矿，如辉银矿、角矿；②在自然界中存在的化合态的银，如硝酸银、氧化银、溴化银等；③银的人为排放源，主要集中在医疗业、玻璃工业、摄影业、首饰制造业等的排放。

银是非人体必需的一种元素，但银离子和含银化合物有杀死或者抑制细菌、病毒、真菌等作用。当摄入过量的银时，会出现“银中毒”的现象，银盐会慢慢在人体内滞留，严重时会引起血小板减少、支气管疾病，影响患者的协调性和视力，甚至引起癫痫等。

参考文献

[1] 王业耀，滕恩江，张霖琳，等. 重点防控重金属监测技术方法研究进展[M]. 北京：中国环境出版社，2017.

[2] 环境保护部. 国家污染物环境健康风险名录-化学第一分册[M]. 北京:中国环境科学出版社，2009.

第 3 章

农田土壤重金属环境质量

3.1 土壤环境背景值

3.1.1 我国土壤元素背景值

土壤环境背景值亦称土壤自然本底值，反映土壤环境质量的原始状态，是土壤形成的漫长历史过程中受气候、母质、地形地貌、生物、时间等成土因素综合作用的结果。实际上要找到绝对没有受到人类影响的土壤是非常困难的，所以一般所指的土壤环境背景值只能是一个相对的概念。在环境学科中，土壤背景值是指在未受或很少受人类活动影响，尚未受或很少受污染和破坏的情况下，土壤中各元素和化合物的含量[1]，其大小因时间和空间的变化而不同，是一个范围值。了解和调查土壤环境背景值是非常必要的一项工作，可根据背景值判断大部分土壤的使用和污染情况，对于污染严重的土壤应予以关注和警示。

我国于 20 世纪 70 年代开始进行土壤环境背景值的调查研究，已发表的《中国土壤元素背景值》[2]记载了全国 30 个省、市、自治区不包括（中国台湾）和 5 个沿海城市，41 个土类采集，4095 个土壤样品 61 个元素的背景值，并有《中华人民共和国土壤环境背景值图集》[3]等重要资料。美国、英国、日本、罗马尼亚等国家也进行过类似的调查，相较之下，我国土壤各主要元素环境背景值总体上化学组成比较稳定，大体上和美国、日本、英国土壤的背景值在数量级上是一致的，含量水平相当，土壤化学元素之间可比性较高[4]；同时，我国的土壤环境背景值研究比起其他国家涵盖范围更广，背景值数据包括了15个稀土元素以及其他稀有分散元素（Te、In、Ge、Sn、Sb、Bi、Ag、Hf、Li、Rb、Cs、Be、Sr、B、W等）。在我国关注度较高的土壤环境元素中，与日本、英国土壤相比，我国土壤中的汞、镉明显偏低，与日本、美国土壤相比，铬、铅含量较高。而在我国各省中，云南省、四川省、贵州省、福建省和广东省均是铅背景值的高分布区；西南部、西部地区铜背景值有高值分布[4]。

土壤元素背景值是环境土壤学的一项基础性研究工作，利用土壤元素背景值，可以为制定土壤环境质量标准提供依据，可以确定土壤环境质量基准值，还可以预测和推算土壤有效态元素的含量等。

3.1.2 我国农田土壤重金属空间分布概况

我国农田土壤重金属含量分布特征明显。总体上看，中国西南部地区土壤重金属富集程度较高，其次是广东、广西和辽宁地区；从不同重金属各自的分布上看，我国区域土壤的铅、锌含量在空间分布上相似，铜的高分布区主要在我国北部，其他重金属在我国南部土壤中含量较高，各区域土壤重金属的富集程度和类型主要受到当地工业发展和农业活动的影响。

结合各省农田土壤重金属含量的平均值和土壤元素背景值，从超出背景值的重金属含量分布看，铅在广西、四川、辽宁和云南土壤中含量超过背景值较多，超出部分均为背景值1倍以上；除上海、江苏、贵州和山西，镉在其他省份土壤中含量超出背景值部分均达到了背景值的1倍以上，其中西藏、广西达到10倍以上，辽宁达到23倍；铜在吉林、辽宁和广东土壤中含量超出背景值部分均达到背景值的1～3倍；锌在四川、云南和广东土壤中含量超出背景值部分为背景值的1～3倍；铬在全国各区域浓度基本不高，只有福建省土壤铬含量超出背景值2倍以上[5]。总体上看，镉的富集最为严重，其次是铅、铜、锌等；云南、广东、辽宁等是土壤重金属富集较多的地区。

3.2 土壤环境容量

土壤环境容量也称土壤负载容量，是一定土壤环境单元在一定时限内遵循环境质量标准，既维持土壤生态系统的正常结构与功能，保证农产品的生物学产量与质量，又不使环境系统污染超过土壤环境所能容纳污染物的最大负荷量或最大数量。在一定范围内，掌握土壤环境容量可确定土壤污染与否的界线，可根据土壤环境容量对污染物排放量提出限量要求，使污染的防治与控制具体化。

考虑到土壤元素背景值是土壤中已经容纳的量值，以及土壤环境具有自净作用与缓冲性能，在实际工作中，土壤环境容量可表示为：

$$土壤环境容量=静容量+动容量 \tag{3-1}$$

其中，静容量是指土壤污染物的基准含量（土壤背景值）和最大负荷量（土壤环境所能容纳污染物的最大负荷量）之差；动容量是指土壤污染物累积过程中，土壤通过一系列自净过程所能净化的污染物数量。不同土壤的环境容量是不同的，同一土壤对不同污染物的容量也是不同的。

3.2.1 土壤环境容量的确定

3.2.1.1 土壤环境容量的确定依据

土壤环境可容纳各种途径来源的污染物，具有一定的容量。土壤环境容量主要是由土壤的环境特性与功能决定的[6]，其中最主要的是土壤环境的净化功能和缓冲性能。

（1）土壤环境的净化功能　土壤环境的净化功能主要依靠土壤与表层环境系统之间能量的迁移和转化、土壤环境系统中物质的迁移与转化、土壤-作物系统的生物过程与生态效应等实现，这些过程与土壤环境系统的特点紧密相关。

土壤环境系统是地球表层环境系统中一个全方位开放的子系统，污染物可以通过大气、水和生物等迁移途径输入土壤环境，并在土壤环境中逐渐累积，使土壤污染；相反地，污染物也可从土壤环境向大气、水和生物等环境输出，从而使土壤环境“净化”。土壤环境系统还是一个由多层次、多相物质组成，并具有复杂性质的疏松多孔的环境结构体系，因而土壤各层及固、液、气相物质相互作用、相互影响、相互制约，不断进行物理、化学和生物迁移与转化过程，如目前研究较多的吸附与解吸、沉淀与溶解作用等。污染物输入土壤环境系统后，受土壤环境系统条件、性质的影响与制约，形成净化与缓冲机制。土壤环境系统中包含丰富的土壤生物（植物、土壤微生物、土壤动物），土壤微生物、土壤动物可对污染物进行降解、分解和转化，植物可对污染物进行生物性吸收、迁移和转化，这是土壤的最重要的净化过程，也是确定土壤环境容量的主要机制。

（2）土壤环境的缓冲性能　土壤环境对污染物的缓冲定义为土壤因水分、温度、时间等外界因素的变化，抵御其组分浓（活）度变化的性质。土壤环境具有一定的缓冲性：以各种途径进入土壤环境的污染物，可通过土壤稀释和扩散降低其浓度，减少毒性；土壤环境能将污染物转化为不溶性化合沉淀物，或使其被土壤胶体吸附，暂时脱离土壤中的生物循环过程；土壤环境可使污染物经挥发和淋溶，迁出土体。

3.2.1.2　土壤临界含量的确定依据

目前比较通用的方法是利用土壤中物质的剂量-效应关系来获取土壤临界含量，大多采用剂量-植物产量或可食部分的卫生标准来确定。确定土壤临界含量的依据见表 3-1。

表 3-1　确定土壤临界含量的依据[7]

体系 内容	土壤-植物体系		土壤-微生物体系 生物效应		土壤-水体系 环境效应	
	人体健康效应	作物效应	生化指标	微生物计数	地下水	地表水
目的	防止污染食物链，保证人体健康	保持良好的生产力和经济效益	保持土壤生态处于良性循环		不引起次生水环境污染	
指标	国家或政府主管部门颁发的粮食卫生标准	生理指标或产量降低程度	凡一种以上生物化学指标出现的变化	微生物计数指标出现的变化	不导致地下水超标	不导致地表水超标
指标 级别	仅一种	减产 10% 减产 20%	≥25% ≥10% ≥10%～15%	≥50% ≥30% ≥10%～15%	仅一种	仅一种

3.2.2　影响土壤环境容量的因素

土壤环境容量受多方面因素的影响，包括土壤类型、污染元素与化合物的特性、作物和土壤生物生态效应、环境效应、人为因素等。

3.2.2.1　土壤类型的影响

不同土壤类型，其环境地球化学背景和环境背景值不同，土壤的物质组成、理化性质、水热条件不同，因而净化性能与缓冲性能也不同；土壤类型虽然不同，但土壤机械组成相似的情况下，也可能具有相似的环境容量。一般来说土壤类型相同的土壤具有相似的土壤环境容量。

3.2.2.2　污染元素与化合物的特性的影响

污染元素和化合物的特性是它们在土壤环境中迁移转化的内因，而土壤环境因素则是它们迁移转化的外部条件，两者共同影响与制约着污染物在土壤环境系统中的化学行为。研究污染物的化学行为是揭示污染物的环境基准与环境容量及其区域分异的实质内容，并可将其作为确定土壤环境基准的重要依据。污染物的化学行为涉及污染物在土壤中的形态、特征及其迁移转化的最终归宿。

3.2.2.3　作物和土壤生物生态效应的影响

外源物质进入土壤生态系统后，对作物的产量、品质，土壤动物、微生物以及酶的组成、活性产生一定的影响。而农作物和土壤生物是土壤环境中物质的吸收固定、生物降解、迁移转化的主力，是土壤生物净化的决定性因素。可通过考察不同浓度污染物对土壤生态系统中各种生物的生理、生态、生物量的影响，以及污染物在生物中的残留累积量，来考虑生态效应对土壤环境容量的影响。

3.2.2.4　环境效应的影响

环境效应是指污染物对地球表层环境系统的综合影响，即土壤环境中的污染物的累积量，除不能影响土壤生态系统的正常结构与功能外，同时还要求从土壤环境输出的污染物不会导致其他环境子系统的污染，如大气、水环境的污染。因此，环境效应对土壤环境容量有更重要的影响。

3.2.2.5　人为因素影响

人为因素也会对土壤环境容量产生影响。例如，长期施用化肥可引起土壤酸化，使土壤净化能力降低；施以石灰可提高土壤对重金属的净化性能；施有机肥可增加土壤有机质含量，提高土壤净化能力等。

3.2.3　土壤环境容量的应用

土壤环境容量主要用于以下几个方面：制定土壤环境标准，用于农田灌溉用水和水量标准，用于区域土壤污染物预测和土壤环境质量评价；同时也可应用于重金属污染总量控制，从根本上有效地防治土壤重金属的污染。环境容量管控是在土壤环境质量保护和农产品清洁生产过程中，对土壤重金属负载容量的全过程监测和控制的方法，既适用于正常土壤环境质量的管控，又适用于问题土壤的合理利用[8]。

3.3 土壤环境质量

土壤质量是衡量和反映土壤资源与环境特性、功能和变化状态的综合指标，包含了土壤维持生产力、土壤净化能力、对人类和动植物健康的保障能力，是指在由土壤所构成的天然和人为控制的生态系统中，土壤所具有的维持生态系统生产力和人与动植物健康而自身不发生退化及其他生态与环境问题的能力，是土壤特定或整体功能的总和。土壤质量概念的内涵不仅包括作物生产力、土壤环境保护，还包括食品安全及人类和动植物健康，可归类为土壤肥力质量、土壤健康质量和土壤环境质量等多个方面，这几个方面相互影响、相互依存，共同决定了土壤质量。在环境土壤学相关研究领域中，土壤质量更倾向于对土壤环境质量的追踪、评估与控制。

土壤环境质量作为土壤质量的重要组成部分之一，是表征土壤容纳、吸收和降解各种环境污染物的能力。土壤环境质量是指在一定的时间和空间范围内，土壤自身性状对其持续利用以及对其他环境要素，特别是对人类或其他生物的生存、繁衍以及社会经济发展的“适宜性”，是土壤“优劣”的一种概念，是特定需要的“环境条件”的度量。它与土壤的健康或清洁状态，以及遭受污染的程度密切相关。一旦土壤环境质量遭到污染和破坏，就必须对其进行适当的修复，以减少对其自身以及大气、水和生物等其他环境子系统的污染和危害，即必须保持土壤环境适当的清洁和健康，以维持合适的土壤环境质量水平。

3.3.1 我国土壤环境质量及土壤重金属污染概述

随着我国社会经济发展及工业进程的不断深入，土壤环境质量受到了间接污染源和直接污染源不断增加的严峻挑战。由于机动车保有量逐年上升，汽油中添加的四乙基铅等物质，最终随汽车尾气经过大气降水进入到土壤中；在农业方面，每年所使用的农药量也逐年增加，直接进入土壤的农药，大部分会被土壤吸收，从而加剧了土壤污染的程度；工业企业在生产过程中产生的各种废水、废渣、污泥、粉尘、废气，如果没有严格按规范要求处理处置，都会对土壤环境造成严重的污染，尤其是冶金工业等企业所排放的金属氧化物粉尘，会在重力的作用下，降落于土壤中，从而对土壤造成重金属污染。我国地域辽阔，虽然是农业大国，但耕地资源比较匮乏，土壤资源承载力已经超过其合理的人口承载量，土壤环境面临巨大的压力，加上涉及重金属行业产能的持续增长，含重金属的农药和化肥大量使用，使得我国土壤重金属污染越来越严重，市区附近的农田和道路、工厂附近的农田重金属污染尤其严重，对我国粮食产量造成了较大的影响。

相关研究表明，我国目前遭受铅、铬、砷、镉等重金属污染的耕地面积将近 $2\times10^7\mathrm{km}^2$，大约占我国耕地总面积将近 $\frac{1}{6}$[9]。根据我国农业部的统计资料显示，我国每年因重金属污染造成的粮食减产高于1000万吨，每年被重金属污染的粮食高达1200万吨，因此造成的经济损失不低于200亿元[10]。水土流失、环境污染、生态破坏、粮食危机等这些问题最终都集中在对土壤污染上。土壤一旦受到污染，不仅很难得到恢复，而且很有可能造成食物链的污染，从而危害人体健康，如“八大公害事件”中的“骨痛病事件”，就是一起因土壤受到重金属镉污染，产生出含镉大米，含镉大米通过食物链进入人体造成数百人死亡的典型事件。

2000年农业部环保监测系统对全国24个省（市）320个严重污染区土壤调查发现，大田类农产品超标面积占污染区农田面积的20%，其中重金属超标占污染土壤和农作物的80%，特别是采矿区和冶炼区周边及部分城郊地区，这些区域农田土壤重金属的含量较高[11]。环境保护部对我国基本农田保护区土壤重金属含量进行了抽测，结果表明，重金属超标率高达12.1%[12]。根据长江中下游农田土壤-水稻系统中重金属近十年来的定位监测数据统计资料，发现2006年、2011年和2016年采集的稻米中镉的点位超标率分别为9.3%、22.2%和20.7%，十年间稻米镉超标率显著增加[13]。总体来看，我国耕地的土壤重金属污染概率约为16.7%，耕地土壤重金属污染等级类别中，尚清洁、清洁、轻污染、中污染、重污染比重分别约为68.1%、15.2%、14.5%、1.5%、0.7%；铜、锌、铅、镉、铬、镍、砷、汞八种土壤重金属元素中，镉污染概率远超过其他几种土壤重金属元素；也有一些区域发生镍、汞、砷和铅的土壤污染，但是锌、铬和铜发生污染的概率较小；辽宁、河北、江苏、广东、山西、湖南、河南、贵州、陕西、云南、重庆、新疆、四川和广西14个省、市和自治区是我国耕地重金属污染的多发区域，特别是辽宁和山西的耕地土壤重金属污染尤其严重[14]。

3.3.2 土壤环境质量标准的发展

土壤环境标准体系是土壤环境监管的重要内容，是实施土壤环境监管的重要工具，也是识别筛选土壤污染风险的重要依据。

国家环境保护总局于 1995 年发布了《土壤环境质量标准》（GB 15618—1995）[15]（2018 年 8 月 1 日废止），其适用范围包括我国所有农田、蔬菜地、茶园、果园、牧场、林地、自然保护区等地的土壤。在标准中，根据土壤应用功能、保护目标和主要性质，将土壤质量划分为三类：Ⅰ类主要适用于国家规定的自然保护区（原有背景重金属含量高的除外）、集中式生活饮用水水源地、茶园、牧场和其他保护地区的土壤，土壤质量基本保持自然背景水平；Ⅱ类主要适用于一般农田、蔬菜地、茶园、果园、牧场等土壤，土壤质量基本上对植物和环境不造成危害和污染；Ⅲ类主要适用于林地土壤、污染物容量较大的高背景土壤和矿产附近等地的农田土壤（蔬菜地除外），土壤质量基本上对植物和环境不造成危害和污染。土壤环境质量标准分为三级。一级标准：为保护区域自然生态，维持自然背景的土壤环境质量的限制值；二级标准：为保障农业生产，维护人体健康的土壤限制值；三级标准：为保障农林业生产和植物正常生长的土壤临界值。Ⅰ、Ⅱ、Ⅲ类土壤环境质量分别执行一、二、三级标准。

《食用农产品产地环境质量评价标准》（HJ/T 332—2006）[16]和《温室蔬菜产地环境质量评价标准》（HJ/T 333—2006）[17]，针对食用农产品产地和温室蔬菜产地两种特殊的农用地，规定了土壤环境质量、灌溉水质量和环境空气质量的各个项目及其浓度（含量）限值和监测、评价方法。《展览会用地土壤环境质量评价标准（暂行）》（HJ 350—2007）[18]（2018 年 8 月 1 日废止），主要适用于展览会用地土壤环境质量评价，将建设类土地分为Ⅰ、Ⅱ类用地，规定了土壤中污染物质的 A 级、B 级标准限值，涉及污染物共 92 项，其中无机污染物 14 项（重金属指标已增加至 13 项），挥发性有机物 24 项，半挥发性有机物 47 项，其他污染物 7 项。此外，地方也出台了各自的土壤质量标准，如北京市、湖南省和重庆市，根据地方的情况，对土壤污染物的筛选值、修复目标值和分析方法等作出了规定[19-21]。《食品安全国家标准　食品中污染物限量》（GB 2762—2017）[22]，进一步从保护农产品质量安全的角度，制定了镉、汞、砷、铅和铬 5 种重金属的土壤筛选值；从保护农作物生长的角度，制定了铜、锌和镍 3 种重金属的土壤筛选值，这 8 种重金属列为必测项目，同时，保留六六六、滴滴涕两项指标并增加苯并[α]芘。

在过去二十几年，《土壤环境质量标准》（GB 15618—1995）发挥了积极作用，但已不能满足当前及今后土壤环境管理的需要。其主要问题有两个：一是不适应农用地土壤污染风险管控的需要；二是不适用于建设用地。鉴于此，国家新修订了农用地标准，新制定了建设用地标准。2018 年《土壤环境质量　农用地土壤污染风险管控标准（试行）》（GB 15618—2018）[23] 和《土壤环境质量　建设用地土壤污染风险管控标准（试行）》（GB 36600—2018）[24] 颁布和实施（同时 GB 15618—1995 和 HJ 350—2007 废止），以保护人体健康为长远目标，通过划定筛选值和管制值两条线来管理。值得注意的是，重金属广泛存在有背景因素，标准制定时也留出了相应的管理空间，重金属检测含量超过筛选值，但等于或者低于土壤环境背景值的，不纳入污染地块管理。2019 年，《中华人民共和国土壤污染防治法》的实施，标志着我国土壤环境管理体系的核心骨架已经搭建起来。

在这个发展历程中，现行标准在原来制定的质量标准基础上不断完善，更加适应新时期的管理要求，同时土壤污染状况调查、土壤污染风险评估、风险管控和修复等污染地块系列国家环境保护标准也相继修订出台[25-31]。对于土壤重金属而言，目前采用土壤重金属总量和 pH 值这两个指标作为土壤环境质量标准的依据，一定程度上不能真实反映重金属对植物、农产品的效应，随着土壤有效态重金属测定方法、不同土壤临界值的确定、不同植物或农产品临界值的确定、土壤需要治理修复的临界值的确定等工作的深入研究和发展，相信在未来还会出台土壤有效态重金属及土壤修复相关的质量标准。表 3-2 为我国土壤质量及污染地块系列标准概览。

表 3-2　我国土壤质量及污染地块系列标准概览

标准名称	标准号	备注
《土壤环境质量标准》	GB 15618—1995	2018 年 8 月 1 日废止
《食用农产品产地环境质量评价标准》	HJ/T 332—2006	—
《温室蔬菜产地环境质量评价标准》	HJ/T 333—2006	—
《展览会用地土壤环境质量评价标准(暂行)》	HJ 350—2007	2018 年 8 月 1 日废止
《场地土壤环境风险评价筛选值》	DB11/T 811—2011	北京市
《重金属污染场地土壤修复标准》	DB43/T 1165—2016	湖南省
《场地土壤环境风险评估筛选》	DB50/T 723—2016	重庆市
《食品安全国家标准　食品中污染物限量》	GB 2762—2017	—

续表

标准名称	标准号	备注
《土壤环境质量　农用地土壤污染风险管控标准(试行)》	GB 15618—2018	替代 GB 15618—1995
《土壤环境质量　建设用地土壤污染风险管控标准(试行)》	GB 36600—2018	—
《建设用地土壤污染状况调查　技术导则》	HJ 25.1—2019	—
《建设用地土壤污染风险管控和修复　监测技术导则》	HJ 25.2—2019	—
《建设用地土壤污染风险评估技术导则》	HJ 25.3—2019	—
《建设用地土壤修复技术导则》	HJ 25.4—2019	—
《污染地块风险管控与土壤修复效果评估技术导则》	HJ 25.5—2018	—
《污染地块地下水修复和风险管控技术导则》	HJ 25.6—2019	—
《建设用地土壤污染风险管控和修复术语》	HJ 682—2019	—

参考文献

[1] 夏家淇，骆永明. 关于土壤污染的概念和3类评价指标的探讨[J]. 生态与农村环境学报，2006(01)：87-90.

[2] 中国环境监测总站. 中国土壤元素背景值[M]. 北京：中国环境科学出版社，1990.

[3] 郑春江. 中华人民共和国土壤环境背景值图集[M]. 北京：中国环境科学出版社，1994.

[4] 魏复盛，陈静生，吴燕玉，等. 中国土壤环境背景值研究[J]. 环境科学，1991(04)：12-19，94.

[5] 张小敏，张秀英，钟太洋，等. 中国农田土壤重金属富集状况及其空间分布研究[J]. 环境科学，2014，35(02)：692-703.

[6] 周杰，裴宗平，靳晓燕，等. 浅论土壤环境容量[J]. 环境科学与管理，2006(02)：74-76.

[7] 夏增禄. 土壤环境容量研究[J]. 环境科学，1986(05)：34-44.

[8] 王玉军，陈能场，刘存，等. 土壤重金属污染防治的有效措施:土壤负载容量管控法——献给2015"国际土壤年"[J]. 农业环境科学学报，2015，34(04)：613-618.

[9] 吕晓男，孟赐福，麻万诸. 重金属与土壤环境质量及食物安全问题研究[J]. 中国生态农业学报，2007(02)：197-200.

[10] 高翔云，汤志云，李建和，等. 国内土壤环境污染现状与防治措施[J]. 环境保护，2006(04)：50-53.

[11] 陆泗进，魏复盛，吴国平，等. 我国农产品产地生态环境状况与农产品安全研究进展[J]. 食品科学，2014，35(23)：313-319.

[12] 樊霆，叶文玲，陈海燕，等. 农田土壤重金属污染状况及修复技术研究[J]. 生态环境学报，2013，22(10)：1727-1736.

[13] 徐建明，孟俊，刘杏梅，等. 我国农田土壤重金属污染防治与粮食安全保障[J]. 中国科学院院刊，2018，33(02)：153-159.

[14] 宋伟，陈百明，刘琳. 中国耕地土壤重金属污染概况[J]. 水土保持研究，2013，20(02)：293-298.

[15] GB 15618—1995 土壤环境质量标准[S].

[16] HJ/T 332—2006 食用农产品产地环境质量评价标准[S].
[17] HJ/T 333—2006 温室蔬菜产地环境质量评价标准[S].
[18] HJ 350—2007 展览会用地土壤环境质量评价标准(暂行)[S].
[19] DB11/T 811—2011 场地土壤环境风险评价筛选值[S].
[20] DB43/T 1165—2016 重金属污染场地土壤修复标准[S].
[21] DB50/T 723—2016 场地土壤环境风险评估筛选[S].
[22] GB 2762—2017 食品安全国家标准　食品中污染物限量[S].
[23] GB 15618—2018 土壤环境质量　农用地土壤污染风险管控标准(试行)[S].
[24] GB 36600—2018 土壤环境质量　建设用地土壤污染风险管控标准(试行)[S].
[25] HJ 25.1—2019 建设用地土壤污染状况调查　技术导则[S].
[26] HJ 25.2—2019 建设用地土壤污染风险管控和修复　监测技术导则[S].
[27] HJ 25.3—2019 建设用地土壤污染风险评估技术导则[S].
[28] HJ 25.4—2019 建设用地土壤修复技术导则[S].
[29] HJ 25.5—2018 污染地块风险管控与土壤修复效果评估技术导则[S].
[30] HJ 25.6—2019 污染地块地下水修复和风险管控技术导则[S].
[31] HJ 682—2019 建设用地土壤污染风险管控和修复术语[S].

第4章

农田土壤重金属污染

农田土壤重金属污染关系农产品质量安全和农田生态系统健康，农产品污染问题已成为制约农业可持续发展和农村经济发展的重要因素。多年来，由于矿山开采、污水灌溉、农药与化肥等农资的大量使用，使得农业生态环境污染不断积累和加重，2014环境保护部和国土资源部发布的《全国土壤污染状况调查公报》显示，重金属污染物的点位超标率远高于多环芳烃等有机污染物。重金属具有隐蔽、难降解、易富集等特点，可通过物质循环进入作物体内，并不断富集，直接威胁人体健康[1]。

4.1 农田土壤重金属污染的特点

农田微量元素的输入/输出平衡是影响农田土壤微量元素累积和在农产品中富集的重要因素，一般情况下，土壤微量元素的输入/输出保持动态平衡，可通过土壤自净作用将少量有害元素消除[2]。这种平衡如果被破坏，土壤重金属含量超过土壤自净能力，受土壤环境介质影响重金属发生形态转化、迁移、富集，从而引起土壤物理、化学、生物性质的改变。农田土壤重金属污染主要存在以下几方面特征。

4.1.1 危害潜伏性和暴露迟缓性

水污染和大气污染短时间内可以通过感官感知，但土壤重金属污染如果不通过专业技术手段，则无法判断土壤重金属含量是否超过规定限值。重金属元素因其独特的毒理学效应，会抑制许多细菌的繁殖，进而影响土壤生物群落的变化和有机物的化学降解[3]。重金属在生物体内蓄积需要一个生物学半减期，一定时期内对环境的危害性以潜伏状态存在，其中毒性最大的镉、铅、汞、砷，不但不能被生物降解，毒性还能在生物作用下放大[4]，转化成毒性更大的金属类有机化合物，当这些污染物接触到农作物、动物和人并出现减产绝收和致畸致癌等症状时，其毒害作用才间接表现出来，如日本的“骨痛病”经过 10～20 年的时间，人们才认识到其与镉污染有关。此外，土壤环境介质的改变可引起重金属的活化，使其通过淋溶作用进入地下水和地表水，并随径流扩散污染更大范围的土壤和水体[4-6]。

4.1.2　长期累积性和地域分布性

土壤胶体的带电性对重金属在土壤溶液中的聚集有重要影响，重金属进入土壤中，由于土壤对其吸附固定能力较强，不易向下迁移[7]，农田土壤环境中的重金属会随着多途径外界污染源的不断输入、叠加长期积累。相对于水污染和大气污染，土壤自净能力差，宏观上看重金属污染过程是不可逆的。重金属易在表层累积，进入土壤之后，多集中分布在表层 0～20cm，尤其以 0～10cm 的表层含量最高[7,8]。土壤是生态系统中物质流形成的产物，在物质的大循环过程中形成微量元素含量不同的成土母质，随着人类活动范围的不断扩大，农业活动和工业活动形成明显的地域分布，农业活动污染源和工业活动污染源造成农田重金属长期积累，致使重金属污染出现地域分布性。从污染分布情况看，南方土壤污染重于北方；长江三角洲、珠江三角洲、东北老工业基地等部分区域土壤污染问题较为突出，而这些地区正是我国主要的粮食产区[9]。

4.1.3　不可逆转性和难治理性

受到重金属污染的水体、大气在切断污染源后，有可能通过稀释和自净化等作用使污染问题发生逆转，但是存在于土壤中的重金属则很难靠稀释和自净等作用来消除，土壤的重金属污染通常是一个不可逆转的过程。污染土壤中的重金属绝大部分以不溶态与土壤黏粒结合，水及稀的盐溶液很难将其解吸下来，重金属在土壤表面的吸附-解吸控制着其自身的活性、生物有效性及生物毒性。由于吸附和解吸机制的不同，解吸等温线与吸附等温线不相重合，即吸附-解吸过程是不可逆的[10]。在土壤重金属污染发生之后，单纯依靠切断污染源的途径很难使其恢复，有时要靠一些其他的治理技术（如淋洗和换土等辅助方法），才有可能使污染消除，但这些方法一般见效比较慢。这使得受到重金属污染的土壤的治理具有成本较高、周期较长的特点。据研究，要使某些受到重金属污染的土地恢复到以前的状态大约要100～200年的时间[11]。

4.1.4 形态、价态多变性和污染复合性

重金属元素处于元素周期表的过渡区，在土壤环境中存在多种化学形态，但是重金属在环境中的实际形式，可致其毒性、活性及对环境的效应都存在差异[12]。目前，关于形态的研究，常见的有Tessier五步提取法和BCR三步提取法。其中Tessier五步提取法将重金属分为可交换态、碳酸盐结合态、铁锰氧化物结合态、有机结合态以及残渣态；BCR三步提取法将重金属分为酸溶态、可还原态、可氧化态和残渣态。重金属形态分布受土壤质地、氧化还原电位(Eh)、pH值、有机质和阳离子交换量（CEC）等因素的影响[13]，各形态毒性差异较大。

重金属价态多变由其化学性质是否活泼决定，价态不同毒性也不同，以镉和铬为例，Cd常见化合物的存在形式有氯化镉、乙酸镉、硫酸镉、硝酸镉、硫化镉等，其中硝酸镉和氯化镉对植物和人体的毒性相对较高。水稻籽粒铬污染与土壤铬形态有关，土壤三价铬含量高才会显著降低水稻地上生物量，六价铬在低浓度就能对水稻产生毒害效应[14]，六价铬在土壤中以CrO_4^{2-}、$HCrO_4^-$或$Cr_2O_7^{2-}$等形式存在，不容易被土壤颗粒吸附，极易向下迁移进入地下水[5,15]。

在自然界中，土壤重金属元素通常是多种元素共存而不是以单一的形式存在。复合污染是指同时含有两种或两种以上不同种类不同性质的污染物或来源不同的同种污染物，或在同一环境中同时存在两种及两种以上不同类型污染物所形成的综合污染现象。复合污染之间的相互作用方式分为三种：协同作用、加和作用和拮抗作用。

土壤重金属之间及与其他元素之间的复合污染可以影响其生物有效性。外源铜、铬（Ⅵ）以单一的形式添加到土壤后，铬主要以有机结合态和残渣态存在，而铜主要以铁锰氧化物结合态和残渣态存在；当铜、铬（Ⅵ）复合污染时，低浓度铬（$<$5mg/kg）促进铜向残渣态转化，低浓度铜（$<$400mg/kg）促进铬向交换态转化，而高浓度铬（20mg/kg）和铜（2800mg/kg）却抑制这种转化[13,16]。

4.2　农田土壤重金属的有效性

土壤中重金属的总量可以反映土壤中重金属可能富集的信息，并进行重金属的风险评价，但不能很好地表征重金属在土壤中的存在形态、迁移能力以及植物吸收的有效性。土壤中重金属的存在形态是衡量其环境效应的关键参数，与控制重金属迁移及转化的关系十分密切。越来越多的学者开展基于重金属形态分析的重金属污染对植物有效性的研究。

目前，土壤中重金属形态研究方法主要有化学形态分析法和生物有效性分析法。化学形态分析法是指利用反应性不断增强的化学试剂将土壤重金属分为不同活性的结合态，从而评估重金属的移动性和生物有效性的方法；生物有效性分析法通过分析生长在污染土壤上的生物所吸收的重金属的浓度，研究不同形态重金属被生物吸收或在生物体内积累的过程。化学形态分析法是生物有效性分析法的基础，生物有效性分析法是化学形态分析法在研究领域的具体延伸；化学形态分析法的发展制约着生物有效性研究的发展，但重金属对生物的实际危害最终由生物有效性来体现。由于各种影响因素复杂多变，直接分析土壤重金属的生物有效性的难度很大。从化学形态角度来研究土壤重金属生物可利用性，不仅可以了解土壤重金属的转化和迁移，而且还可以预测土壤重金属的活动性和生物可利用性，从而可间接地评价重金属的环境效应，有助于建立重金属不同化学形态与生物可利用性之间的相关关系[17]。

4.2.1　重金属的化学形态

土壤中重金属的存在形态是衡量其环境效应的关键参数。根据国际纯粹与应用化学联合会的定义，形态分析是指表征与测定一个元素在环境中存在的各种不同化学形态与物理形态的过程。

化学形态即元素的结合状态、元素所在化合物或化合物与基质的结合状态，元素的化学形态与其毒性、生物可利用性、迁移性、与基质分离的难易密切相关[18]。从 20 世纪 70 年代末到 20 世纪末，不同学者根据研究目的对土壤和沉积物中重金属元素的化学形态进行了不同的分类，见表 4-1[13,17]。

表 4-1 重金属元素的化学形态类型划分

年份	重金属化学形态类型	参考文献
1979	5种形态：可交换态、碳酸盐结合态、铁锰氧化物结合态、有机物结合态和残渣态	Tessier[19]
1981	8种形态：交换态、碳酸盐结合态、无定形氧化锰结合态、有机态、无定形氧化铁结合态、晶形氧化铁结合态、残渣态化物沉淀态和残渣态	Forstner[20]
1985	8种形态：交换态、水溶态、碳酸盐结合态、松结合有机态、氧化锰结合态、紧结合有机态、无定形氧化铁结合态和硅酸盐矿物态	Shuman[21]
1987	4种形态：酸溶态、可还原态、可氧化态和残渣态	BCR法[22]
1994	7种形态：水溶态、易交换态、无机化合物沉淀态、大分子腐殖质结合态、氢氧化物沉淀吸收态或吸附态、硫化物沉淀态和残渣态	Gambrell[23]
1999	8种形态：水溶态、交换态、碳酸盐结合态、无定形氧化锰结合态、无定形氧化铁结合态、晶体形氧化铁结合态、有机物结合态和残渣态	Leleyter[24]
2000	6种形态：水溶态、交换态、碳酸盐结合态、铁锰结合态、有机物结合态和残渣态	邵涛[25]

目前，还没有关于土壤重金属形态统一的定义和分类，上述土壤重金属化学形态划分的研究成果中，共有的化学形态或重要的化学形态定义具体描述如下[3,17]：

4.2.1.1 可交换态

可交换态主要是通过土壤溶液扩散作用和外层络合作用交换吸附在土壤黏土矿物及其他成分（如氢氧化铁、氢氧化锰、腐殖质）上的重金属。该形态重金属是土壤中活动性最强的部分，在中性条件下最易被释放，可用一价和二价盐溶液提取，易发生形态间转换和迁移，毒性最强，可反映农业生产和人类活动对区域土壤的影响，对其研究包含水溶态。

4.2.1.2 碳酸盐结合态

碳酸盐结合态是重金属以沉淀或共沉淀的形式赋存在碳酸盐中，该形态重金属对土壤环境条件中的 pH 值最敏感。随着土壤 pH 值的降低，碳酸盐结合态重金属移动性和生物活性显著增加，重新被释放进入环境中；相反，随着土壤 pH 值升高，碳酸盐结合态重金属移动性和生物活性降低，具有潜在危害性。

4.2.1.3 铁锰氧化物结合态

铁锰氧化物结合态是指与铁氧化物或锰氧化物反应生成结核体或包裹于沉积物颗粒表面的部分重金属，可进一步分为无定形氧化锰结合态、无定形氧化铁结合态和晶体形氧化铁结合态等形态（Fe_2O_3、FeO、MnO_2 等）。土壤和氧化还原电位（Eh）对其有重要影响，如农田淹水后，这种形态的部分重金属可被还原释放，具有潜在危害性。

4.2.1.4　有机物结合态

有机物结合态是重金属与土壤中各种有机质（如动植物残体、腐殖质及矿物颗粒活性基团）螯合而形成的螯合物或是硫离子与其生成的难溶于水的硫化物，较为稳定，释放过程缓慢，一般不易被生物所吸收利用。但受土壤碱性和氧化还原电位影响，部分有机物分子会发生降解作用使部分重金属溶出，对作物产生危害。

4.2.1.5　残渣态

残渣态是非污染土壤中重金属最主要的结合形式，该形态重金属来源于成土母质，可以代表重金属元素在土壤或沉积物中的背景值，在自然界正常条件下其不易释放，能长期稳定结合在沉积物中，用常规的提取方法不能提取出来，只能通过漫长的风化过程来释放，因而迁移性和生物可利用性不大，毒性也最小。

一般认为残渣态重金属不能被生物利用，弱酸溶解态易为生物利用，铁锰氧化物结合态次之，而有机物结合态活性较差。表生环境下，土壤中残渣态重金属一般不参与水-土壤系统的再平衡分配，人为污染则主要叠加在土壤可交换态或生物有效态中，因此，土壤可交换态或生物有效态重金属的含量及其占总量的百分比大小不仅可以表征土壤中重金属的形态转化趋势，同时也标定了水-土壤交换反应过程中重金属活化迁出的难易程度及其二次污染的可能性[26,27]。

4.2.2　重金属化学形态分析方法

土壤重金属化学形态分析方法可分为以下几类[28]：

（1）模型计算法　此方法通过统计学方法分析重金属与其他元素的关系，进而推测重金属存在的形态，适用于单一基质中单个重金属元素的吸附质/结合物，但不适用于多种重金属化合物及多种基质和吸附质存在的情况。

（2）组分分级　此方法利用不同形态的重金属化合物在溶液中呈现不同的物理化学性质，选择合适的载流将重金属化合物分离后，利用分析仪器监测。此方法只能根据离子结合强弱和分布提供操作意义上的重金属分布和形态信息，而不能给出重金属的分子化学形态。

（3）电化学测定法　此方法采用电位与离子浓度相关的原理，可分为两种。

第一种是离子选择性电极法，该方法受限于离子选择性电极的可获得性，且易受溶液环境条件的影响。第二种是伏安法，但其鉴别的重金属形态只是一组在动力学、迁移性和稳定性方面有相似行为的重金属物质。

（4）分子尺度技术检测　此方法利用现代光学检测技术从分子尺度原位观察环境样品表面的重金属化学结构和与其他吸附质之间的键合作用信息，但受限于平台的专业性要求而尚未成为重金属形态分析的常规方法。

（5）化学提取法　第一种为一次提取法，也叫单极提取法，适用于分析重金属的生物有效态。提取法依据样品的理化性质、提取的目标物，选择相应的提取液。该方法不适用于重金属形态间的转化和迁移的研究。第二种是连续提取法，也叫多级提取法。该方法用几种经典的萃取剂替代环境中的化合物，模拟自然环境和人为污染造成的土壤环境变化，提取土壤重金属不同化学形态，比如具有代表性的 Tiesser 法（1979）和为融合各种不同的分类和操作方法，欧共体标准物质局提出的 BCR 法。连续提取法适用于重金属形态间的转化和迁移的研究，但步骤繁多，提取时间长，提取形态是基于实验室环境下的假设，目前缺乏统一的操作规程，实用性不理想。就提取剂而言，有多种类型，美国、日本和欧洲的一些国家的国家标准中的提取剂包括：王水、NH_4NO_3、HCl、HNO_3、$NaNO_3$、$HCl\text{-}HNO_3\text{-}HF$、水和 EDTA 等。我国当前测定土壤重金属有效态的标准方法主要有《土壤有效态锌、锰、铁、铜的测定　二乙三胺五乙酸（DTPA）浸提法》（NY/T 890—2004）、《土壤质量　有效态铅和镉的测定　原子吸收法》（GB/T 23739—2009）、《土壤检测　第 9 部分　土壤有效钼的测定》（NY/T 1121.9—2012）、《森林土壤有效锌的测定》（LY/T 1261—1999）、《森林土壤有效钼的测定》（LY/T 1259—1999）、《森林土壤有效铜的测定》（LY/T 1260—1999）和《土壤　8 种有效态元素的测定　二乙烯三胺五乙酸浸提-电感耦合等离子体发射光谱法》（HJ 804—2016）等，基本都采用二乙烯三胺五乙酸（DTPA）或 0.1mol/L 盐酸浸提剂，少部分采用硝酸-高氯酸-硫酸、草酸-草酸铵或 EDTA 浸提剂。

4.2.3　重金属的生物有效性

生物有效性一词已提出多年，国内外学者对其也进行了大量研究，国内学者对其有多种叫法，如生物可给性、生物适应性、生物利用率等，目前为止还没有形成一个比较统一的定义。通常，生物有效性概念基于环境化学和生物毒理学两个方面。其中，环境化学方面普遍接受的定义是“在土壤中，可能为生物所吸收利用的部分（bioavailable fraction）”，即环境生物可利用性（bioaccessibility）。而生物毒理学方面则侧重于物质通过细胞膜进入生物体后的一系列反应，将土壤中的重金属被生物吸收并进入其新陈代谢系统的量定义为生物可利用性（bioavailability），可由间接的毒性数据或生物体浓度数据评价。无论哪一种概念，其实质都在于研究化学物质与生物体的一种潜在的相互关系，它将生物体与其周围环境联系起来[29]。

根据生物对不同形态重金属吸收的难易程度，将重金属分为生物可利用态、生物潜在可利用态和生物不可利用态 3 类。

4.2.3.1　生物可利用态

生物可利用态包括可交换态和水溶态，这部分重金属含量极小，但活性大，具有很大的迁移性，这种形态的重金属元素容易被植物吸收。朱波等[30]认为，交换态 Zn、Cd 与有效态 Zn、Cd 呈显著正相关，对植株的贡献最大。张克云等[31]的研究表明，水稻各器官 Cu、As 浓度与土壤 Cu、As 浓度密切相关，而与土壤交换态 Cu、As 的相关性又大于与结合态和总量 Cu、As 的相关性。张景茹等[32]应用 Spearman 相关性分析方法发现，土壤中生物可利用态的 Cu、As、Mn、Ni 和 Pb 与蔬菜中重金属含量具有显著正相关性，交换态的 Mn、Ni 与蔬菜中重金属含量具有显著正相关性，表明随着土壤中重金属的生物可利用态含量提高，蔬菜中吸收累积的重金属含量也大大增加。和君强等[33]认为，土壤镉可溶态和交换态所占比例越大、总量越高，同种作物对镉的富集趋势就越明显。

4.2.3.2　生物潜在可利用态

生物潜在可利用态包括碳酸盐结合态、铁锰氧化物结合态和有机物结合态。生物潜在可利用态易受土壤 pH 值、有机质、氧化还原电位值、微生物和植物根际效应等因素影响，转化为可利用态，是生物可利用态的直接补给源。殷宪强等[34]研究表明，土壤中有机物结合态铅的含量最高，其次是碳酸盐结合态，这两种形态是土壤中铅向可交换态铅转换的主要部分，对植物的潜在危害较大。杨兰等[35]在向原状土中添加 1.0mmol/L 的外源 Cd^{2+} 溶液后，镉形态的生物利用度系数在 SO_4^{2-} 处理中由原来的生物潜在可利用态＞生物不可利用态＞生物可利用态，转换为生物可利用态＞生物潜在可利用态＞生物不可利用态。耿慧等[36]在对退耕湿地研究中发现，季节性淹水形成的氧化还原反应促使土壤中铜的铁锰氧化态向可交换态和碳酸盐结合态转化。

4.2.3.3 生物不可利用态

生物不可利用态为残渣态，在未受污染的自然土壤中，残渣态所占比例较高，该形态重金属活性极低，对土壤中重金属迁移和生物可利用性贡献不大。但是伴随着土壤环境介质的改变，这些金属还是有可能被活化从而威胁生态系统的，比如在还原条件下，残渣态的镉、铅和锌向可交换态和铁锰氧化结合态转化[6]。宋菲等[37]认为对菠菜含铅量贡献最大的是残留态铅。方慧[38]发现水稻-油菜轮作土壤过程中，铬、镉、铅和锌的残渣态出现向其他四种形态转化的现象。

4.2.4 重金属生物有效性的分析方法

目前大多数生物有效性的分析方法是通过统计学对土壤中重金属的形态分布和生物中重金属的形态分布进行相关统计，确定土壤-生物（动物、植物和微生物）中重金属含量和化学形态的关系。

（1）化学提取法　化学提取法是现在多数重金属生物有效性研究中常用的方法，原理与上述重金属化学形态分析方法中提到的内容相似，不再赘述[31]。

（2）TCLP（toxicity characteristic leaching procedure）法[39]　该法是目前美国法庭通用的生态风险评价法，将根据土壤酸碱度和缓冲量的不同而制定出的 2 种不同 pH 值的缓冲液作为提取液，提取液中的重金属浓度即为 TCLP 法提取的浓度，以此来表示生物可利用性。

（3）薄层梯度扩散的方法[40]　该法最早由英国的 Davison William 和 Zhang Hao 夫妇发明并推广使用。该法基于菲克第一扩散定律，模拟植物根系的吸收，通过土壤或沉积物周围的溶液中金属离子的扩散作用透过滤膜进入水凝胶，吸附在树脂上，使金属累积在树脂中，当装置内外扩散作用达到平衡时，可以通过专门的仪器测量累积的金属量。该方法将金属形态分为不稳定态（包括自由离子态和其他化合态）和稳定态。薄层梯度扩散技术实现了样品生物可利用性的实地现场、快速、准确测量，并可以进行土壤和沉积物中单个或多个金属的总浓度监测和形态分析。

（4）同位素稀释技术（isotope dilution method）　该技术是由 Hevesy（1932）提出的。向已经平衡的土壤悬浮液中加入同位素，同位素就会很快（数天或者数小时）在固相和溶液相之间进行分配。这种分配过程如同土壤表面吸附的稳定元素与液相达到平衡时一样。可移动放射性部分通常认为是放射性可交换库或者 E 值，E 值可以用放射性同位素在土壤固相和溶液相间的分配系数

（Kd）和稳定元素在液相中的浓度（M）进行测定：$E=M\times Kd$。即认为植物可利用部分（L）相当于可移动放射性部分，用 L 值代替 E 值。

（5）体外消化法（in vitro digestion method）　体外消化法是 Mayer 等[41]（1996）提出的一种生物模拟方法，主要应用于海洋沉积物中重金属的生物可利用性分析，与化学方法相比，体外消化法从根本上解决了污染物质的来源问题。陈俊等[42]在 2007 年首次尝试运用体外消化法研究了土壤中重金属的生物有效性问题，并与 Tessier 五步连续提取法的结果进行了对比，发现体外消化法分析得到的重金属生物有效性成分的含量要比利用化学形态分析法分析得到的高，且两种方法有相关关系。

（6）体外评估法（in vitro test）[43]　该法评估土壤中重金属对人体的生物有效性，通常包括动物体内实验（in vivo of animal test）和体外实验（in vitro of physiologically based extraction test）。体外评估法被许多国家逐渐应用于污染物污染土壤的风险评价。目前，常用的体外实验方法有 PBET（physiologically based extraction test）、IVG（in vitro gastrointestinal）和 SBET（simple bioavailability extraction test）等。PBET 方法是 Ruby 等[44]提出的，认为用此方法得到的土壤铅等的生物可利用性与用体内实验法得到的结果有很好的相关性。IVG 法是 Rodriguez 等[45]提出来用于预测土壤中重金属的生物有效性的方法，认为用此方法得到的土壤砷的等生物可利用性与用体内实验法得到的结果有很好的相关性。SBET 是一种简单的体外实验形式，常用来评估砷和重金属对人体的生物可利用性[46]。英国地质调查局采用 SBET 方法用于土壤重金属的风险评价，美国环保局也支持发展 SBET 用于重金属污染土壤的风险评价，并认为这项技术的应用有助于减少污染土壤修复的费用。

4.3　重金属污染对农田土壤环境质量的影响

重金属是土壤的固有组分，普遍存在于土壤中。人类活动导致的外源化学物质进入土壤，有可能会造成土壤-植物系统中重金属含量的升高，当重金属含量超过一定的负载容量时，会对环境、生物、人体健康产生不良影响。

4.3.1　重金属对土壤肥力的影响

重金属在土壤中大量累积必然导致土壤性质发生变化，影响土壤营养元素的供应和肥力特性。氮、磷、钾通常被称为植物生长发育必需的三要素，是非常重要的肥力因子。土壤在被重金属污染的情况下，土壤中有机氮的矿化、磷的吸附、钾的形态都会受到一定程度的影响，最终影响土壤中氮、磷、钾的保持与供应。

土壤中有机氮的有效性主要依赖于有机氮的矿化特征。氮的矿化是指土壤有机态氮经土壤微生物分解形成铵或氨的过程，它受能源物质种类和数量（主要是有机物质的化学组成和碳氮比）、水热条件等的影响很大，因而土壤矿化氮量一般为表观矿化量。土壤氮的矿化过程一般遵循一级动力学方程：

$$N_t = N_0(1 - e^{-kt}) \tag{4-1}$$

式中，N_0 为土壤氮矿化势（以 N 计），mg/kg；N_t 为时间 t（周）时土壤累计矿化氮量（以 N 计），mg/kg；k 为矿化速率常数，周。

重金属污染会影响土壤氮矿化势（N_0）和矿化速率常数 k，当土壤被重金属污染后，土壤氮素的矿化势会明显降低，供氮能力也随之下降。此外，不同重金属元素对土壤氮矿化势的影响不同，在相同摩尔浓度下，单个重金属元素对氮素矿化势的抑制作用不同，常关注的几种重金属污染抑制作用大小为镉>铜>锌>铅，即镉对土壤氮矿化的抑制作用最大。

土壤对磷的吸附和解吸是反映土壤磷迁移性的主要指标。外源重金属进入土壤后，可能会使土壤对磷吸附位的数量和能量有所增加，生成金属磷酸盐沉淀，导致土壤对磷的吸持固定作用增强，最终使土壤磷的有效性降低，同时影响土壤磷的形态，使土壤可溶性磷、钙结合态磷和闭蓄态磷发生变化。不同的重金属对土壤磷吸附量的影响不同，一般情况下多个重金属元素复合污染的影响强度大于单个重金属元素。

钾是生物体中多种酶的活化剂，参与植物体内的各个代谢过程（如光合作用、呼吸作用），与碳水化合物（糖类）、脂肪和蛋白质的合成等密切相关，是公认的“品质元素”。植物缺钾会使叶片的新陈代谢受到扰乱。耕作实践、施肥、土壤有机质、阳离子和温度等土壤理化性质对钾的行为有着很大的影响，但目前有关重金属污染，特别是重金属的复合污染对土壤钾行为的影响研究较少。土壤中的钾通常可分为水溶态、交换态、非交换态及闭蓄态等四种形态，重金属在土壤中的累积会占据部分土壤胶体的吸附位，从而影响到钾在土壤中的吸附、解吸和形态分配。

4.3.2　重金属对植物的影响

进入土壤的重金属可以溶解于土壤溶液中，吸附于胶体表面，闭蓄于土壤矿物之内，与土壤其他化合物产生沉淀，这些过程都会影响植物的吸收与积累。土壤不同组分之间重金属的分配，即重金属形态，是决定重金属对植物有效性的基础，一种离子由固相形态转移到土壤溶液中，是增加离子对植物有效性的前提。

影响土壤重金属植物有效性的因素主要有土壤重金属形态、pH 值、有机质、氧化还原电位、阳离子交换量、黏土含量、元素间相互作用、植物种类等[47]。一般情况下，土壤阳离子交换量与重金属植物有效性呈负相关，随着氧化还原电位的上升，土壤对于重金属离子的吸附固持能力增大，从而降低了其植物有效性。此外，土壤溶液中不同重金属离子之间的相互作用也会使土壤中重金属元素的植物有效性发生改变，主要表现为加和作用、拮抗作用和协同作用。例如吴燕玉等[48]研究发现，当土壤存在镉、铅、铜、锌、砷复合污染时，高锌镉浓度比、低锌铅浓度比或镉-砷、镉-铅、铜-砷交互作用，都会使镉活性增加，重金属在土壤中更易解吸，促使镉、铅、锌被农作物吸收。植物种类的差异也直接决定了植物对重金属吸收能力的差异，相较禾谷类植物，蔬菜富集重金属的能力更强；另外有些特殊的植物种类则可以超富集土壤中的重金属，对重金属的吸收能力可达到普通植物的 100 倍以上。例如小麦对锌的吸收能力大于对铜和铅的吸收能力，而对镉的吸收较少；玉米、水稻对铜、锌的富集能力较对铅、镉的大[49]。同一种重金属在同一植物体内不同部位的分布差异十分显著，一般是新陈代谢旺盛的部位积累量大，营养储存的部位积累量少。例如水稻、菜豆根茎吸收镉的能力较强，水稻中 80%的镉会富集在根部；烟草、胡萝卜等叶片镉含量较高；甘蔗蔗叶重金属含量明显大于根茎的含量等[50]。

在一定范围内，植物产量与土壤重金属的积累或污染程度呈相关性，土壤重金属浓度越高，胁迫时间越长，尤其是较活泼的重金属，对作物的伤害越大，直接影响农产品质量和产量。当重金属浓度增加到一定数值时，植物生理、生化过程会受阻，发育停滞，甚至死亡。

4.3.3　重金属对土壤微生物和酶活性的影响

土壤中微生物对重金属胁迫的敏感程度大于动物和植物，重金属污染会引起土壤中微生物生物量和活性、微生物群落结构和功能及多样性、土壤酶活性、土壤呼吸强度等生态特征的变化。因此，土壤微生物生态特征的变化可作为评估土壤污染状况的重要指标，可用于预测土壤环境质量的变化趋势[51]。

不同重金属污染对不同土壤微生物生态特征的影响结果存在差异，产生促进作用、抑制作用或无明显影响，这主要是由土壤微生物体系复杂、重金属种类和浓度以及土壤理化性质的差异造成的。对于土壤微生物生物量来说，高浓度的重金属能够破坏细胞的结构和功能，加快细胞的死亡，抑制微生物的活性或竞争能力，从而降低生物量；另外，在重金属胁迫下，土壤中微生物需要过度消耗能量以抵御环境胁迫，抑制了其生物量生长。对于微生物群落结构和功能来说，大多数情况下，重金属污染会对微生物固有的群落结构和活性造成不利影响，长期受重金属污染的环境中的微生物群落结构会发生改变，物种多样性发生大规模的减少，大部分敏感的物种逐渐消失甚至灭绝，而关键代谢活动（反硝化和重金属抗性）较强的耐性物种存活下来形成新的群落，数量增多并积累。同时，微生物群落的变化是由重金属浓度和土壤性质共同决定的，土壤理化性质（土壤类型、有机质含量、含水率、pH 值等）可能与微生物群落的变化具有更强的相关性。

土壤微生物活性的表征指标有凋落物分解速度、土壤酶活性等，其中土壤酶还是探讨重金属污染生态效应的有效指标之一。土壤酶主要来自于土壤微生物的分泌物，它们和微生物一起参与土壤的物质循环和能量代谢过程，两者之间有着非常密切的联系：土壤微生物是控制土壤酶分解转化的主体，而土壤酶的活性又控制着土壤微生物及其生物化学过程。土壤被重金属污染后，对土壤酶活性的影响通常表现为随重金属浓度的增加，土壤酶活性逐渐增强，到一定浓度时又逐渐减弱，但其拐点浓度及趋势会随土壤类型、土壤酶种类以及污染元素的不同而呈现出差异，不同土壤微生物对同种重金属污染的敏感性各不相同，同种重金属对不同土壤微生物种群数量的影响也存在差异，不能一概而论。同时，由于重金属对土壤污染往往具有复合性，多种重金属交互作用后往往表现出协同、拮抗或屏蔽等作用。有研究指出[52]，低质量分数的单一重金属镉和铅对土壤脲酶活性具有促进作用，较高浓度的重金属对土壤脲酶活性具有明显的抑制作用；在复合重金属对土壤脲酶活性的影响过程中，重金属镉为主导因素，控制土壤脲酶活性的变化趋势，低质量分数的有效态镉对脲酶活性具有促进作用，而较高质量分数的有效镉表现为抑制作用。

4.3.4 重金属对人类健康的影响

由于密集型工业、人类活动和交通运输，很大部分污染物间接或直接地进入城市及周边城郊地区的土壤生态系统中。土壤重金属进入人体的途径是多种多样的，复合污染的危害较严重。在食物链系统中主要通过“土壤-农作物-人体”或“土壤-农作物-动物-人体”进入人体；在环境介质中主要通过“土壤-地表水/地下水-人体”“土壤-空气-人体”危害人体健康；在地球生态系统中则可能通过“土壤-地表水-水生植物/动物-人体”等迁移到人体[53]。

土壤重金属污染影响食品安全。一是土壤重金属溶解于地表水及地下水，污染水源，虽然土壤对重金属有吸持作用，但仍有部分通过渗滤和淋溶作用进入地表水和地下水，给生活用水带来污染，通过直饮受污染的水或食用受污染水源制成的食物，会对人体健康造成威胁。二是粮食和蔬菜吸收土壤中的重金属，并在可食部分积累。在受污染土壤中生长的植物，虽然能通过根分泌作用等机制不同程度地排斥重金属进入体内，但这种保护作用并不是牢不可破的，特别是有些作物品种具有富集重金属的特性，体内积累了大量重金属，在可食部分富集，可使食品中重金属浓度超标。三是富集重金属的植物通过食物链将重金属带入食草动物，有些植物不是人类的食物来源，但却是牛、羊、猪等家畜的饲料来源，通过生物放大作用（植物→动物→人类），一些人体必需的微量元素在人体内蓄积到一定量或者是发生形态、价态改变后，也将对人体产生巨大的毒性。虽然一些重金属是人体必需的微量元素，但是它们在人体内蓄积到一定量或者是发生形态、价态改变后，也将对人体产生巨大的毒性。

4.4　土壤重金属迁移转化趋势及影响因素

土壤由固、液、气三相组成，各种活动性元素储存在土壤液相中，随着各种自然和人为因素的作用（如降雨、灌溉、气温、风速和植物根系吸收等）在土壤中不断地进行着入渗、渗漏、蒸发、迁移、再分布等运动过程。重金属元素进入土壤系统后，与土壤中其他物质（如矿物质、有机物）及微生物等发生吸附-解吸、溶解-沉淀、氧化-还原、络合、矿化等各种反应，伴随有能量的变化，从而引起重金属赋存形态的改变及其迁移、传输的变化。另外，吸附-解吸过程目前被认为是控制金属离子溶解度和活度的最主要的化学反应过程，土壤对重金属的吸附和解吸特性，直接影响土壤溶液金属离子的浓度和植物对其吸收利用。传统的观念认为重金属离子容易被土壤介质吸附而难以在地下环境中产生迁移，一般被滞留在土壤的表层，研究土壤中重金属的迁移多是在耕层、亚耕层、犁耕层或者淋溶层、淀积层等土壤发生层次尺度上。因此重金属离子通过迁移进入深层土壤进而污染地下水的研究很少引起人们的重视。但近年来，越来越多的田间实验和实验室土柱模拟实验研究发现，重金属离子在土壤剖面可发生数十厘米的迁移且土壤深处可检测到明显的重金属含量，迁移的复杂性导致了重金属在土壤中迁移的难以预测性。不同形态的重金属被释放的难易程度不同，在土壤中所处的能量状态不同，导致其迁移性、环境效应以及生物有效性也不同。重金属在土壤中的赋存形态及其相互间的比例关系，不仅与物质来源有关，而且与土壤质地、理化性质、土壤胶体、有机质含量、矿物特征、环境生物等因素有关。

在未受污染的自然土壤中，重金属形态分布的一般特征是交换态所占比例低，残渣态所占比例较高。廖国礼等[54]采用 BCR 法对某铅锌矿山环境进行研究，发现不同元素之间、不同土壤之间各形态所占比例有很大的差异，该矿区土壤的重金属元素以残渣态为主，有机物结合态比例最小。杜平[55]采用相同的方法对铅锌冶炼厂附近的土壤进行分析，发现锌和镉酸可溶态和残渣态为主要形态；铅和铜的主要形态分别为可还原态和残渣态，酸可溶态含量较低；四种元素的可氧化态含量都较小。曾清如等[56]在研究铅锌矿时发现，铅、锌和镉在土壤中的化学形态以残渣态为主。

当有外源重金属输入而使土壤遭受污染时，元素的形态分布会发生明显变化。外源重金属进入土壤后，各种形态就会在土壤固相之间重新分配，这个长期的分配过程会受到很多因素（如重金属的种类、土水环境的 pH 值、温度、氧化还原电位、土壤有机质含量、土壤淋溶特性、土壤微生物活性等）的影响。室内试验和野外培养试验都证实，重金属进入土壤后，可交换态比例持续下降，整体形态分布向着更稳定的方向发展，残渣态的比例呈上升趋势。殷宪强等[34]发现，在未污染的黄绵土中残渣态比例为 77.74%，当土壤受到铅污染后，土壤中各形态铅占总铅的比例发生变化：残渣态比例下降至 34.17%；有机物结合态比例由原来的 1.82%增至 46.53%；碳酸盐结合态比例由原来的 6.27%增至 18.46%。杨兰等[35]的研究表明，初始状态土壤中，镉以残渣态为主，可交换态比例最低，添加外援 Cd^{2+} 处理后，在 0～70d 的培养期内，土壤中镉的可交换态比例最大。方利平等[57]研究了农业土壤中重金属浓度对重金属形态转化的影响，也得到了相似的研究结果，未明显污染土壤中重金属以残渣态为主，当重金属加入量较低时，重金属优先向铁锰氧化物结合态和有机物结合态转化，随着重金属加入量提高，向交换态和碳酸盐结合态转化的比例明显增加，残渣态比例下降。

当重金属元素以不同的外源形式进入土壤后，其在土壤中的化学形态也不同。如污水灌溉和施加污泥的土壤与直接添加重金属化合物的土壤相比，碳酸盐结合态和交换态重金属的含量要高。随着土壤中重金属的形态由交换态向碳酸盐结合态、铁锰氧化物结合态、有机物结合态以及残渣态转变，重金属不稳定性（lability）和对动植物的可利用性（availability）在逐渐下降，整个过程被称为老化（aging）[58]。在重金属的老化中，表征土壤吸附固定重金属能力的术语为固持（fixation），固持发生在重金属离子向土壤微孔隙扩散的过程中，铁锰铝氧化物、黏土矿物和碳酸盐类是土壤固持重金属离子的重要部分。

外源重金属进入土壤后的形态转变常常分为两个阶段，即快速阶段与慢速阶段。在不同阶段，重金属形态的再分布速率差异较大。如果土壤中有机质含量较高（＞14％），且黏粒含量较高（＞16％），则土壤对外源重金属 80％以上的吸附行为会发生在重金属添加后的 10min 内。Tang 等[59]研究了 Cd 和 Pb 在典型中国农田土壤中形态的分布过程，他们认为初期的快速阶段由土壤溶液和土壤颗粒表面重金属离子浓度差所驱动，后期的慢速分布阶段是重金属离子向土壤微孔隙的渗透和扩散过程，重金属形态分布的速率逐渐减慢，直到土-水系统中的重金属固相分配达到平衡。

当重金属进入土壤后与土壤中的矿物质（主要是黏土矿物和硅酸盐矿物）、有机物（主要是植物生理代谢的产物、腐殖酸等）及微生物发生吸附、配位和矿化作用，伴随着能量的变化，导致重金属元素的赋存形态改变以及时空迁移转化。土壤-植物（农作物）系统中的重金属迁移转化是一个复杂过程，虽然很多研究发现土壤中重金属元素的总量与重金属的生物有效性之间没有很好的相关性，但是土壤中的微量重金属总量有不可替代的作用。首先，土壤中的微量重金属总量与重金属的各种赋存状态之间有很好的相关性。Sauvé 等[60]研究不同类型的 68 种土壤的铜时发现，铜的总量不仅与水溶态和可交换态的铜有很好的相关性（$R^2=0.898$），而且也是决定 Cu^{2+} 活度的两个重要因素之一。其次，在一定的情况下，土壤中重金属的总量可以评估重金属的生物有效性。如 Davies[61]对长时间开采的铅矿周围土壤的研究发现，土壤中铅的总量与植物叶片中铅的含量具有很好的线性关系，可以用土壤中铅的总量来评估其生物有效性。

对于决定土壤中重金属的生物有效性而言，土壤 pH 值是控制植物吸收有毒元素最主要的因子之一。通常情况下，土壤 pH 值下降时，有毒元素的溶解度增强，其向植物根表面的转移速率加快。大多数研究都表明植物中重金属含量与土壤溶液 pH 值呈负相关关系，Davies 发现在一定 pH 值范围内，植物叶片中的重金属含量与土壤溶液 pH 值呈正相关关系。

当氧化还原点位降低时，重金属元素以硫化物形态沉淀，有效性降至最低。

有机质是土壤最重要的组成部分之一，其含量的多少不仅决定土壤的营养状况，而且可通过与土壤中的重金属元素络合来影响土壤中重金属的移动性及其生物有效性。首先，土壤有机质含量的增加改变土壤对重金属的吸附作用。McBride 等[62]研究表明天然有机质是一种有效的吸附剂，能极大地降低离子活度。Spark 等[63]发现土壤加入腐殖酸会改变对重金属的吸附作用，但这种吸附作用的改变依赖于腐殖酸在固相上的吸附和重金属-腐殖酸络合物的溶解度等因素。其次，土壤有机质的增加可改变土壤中重金属元素的化学形态分布，增加土壤中重金属的移动性。Smit 等[64]研究表明，在新污染的土壤中黏土同有机质的含量控制锌的生物有效性，并随着时间而变化。

阳离子交换量是土壤黏土矿物和有机质含量的函数指标，并能控制重金属元素的有效性。当阳离子交换量增大时，植物吸收重金属的数量通常会降低。

重金属元素之间的相互作用（加和、协同和拮抗）使重金属元素的生物有效性发生改变。吴燕玉等[65]通过盆栽实验发现 Cd-As 的复合污染会导致苜蓿吸收更多的铜、铅。

除了受土壤重金属总量、形态分布、土壤 pH 值、氧化还原电位、土壤有机质、阳离子交换量、土壤氮磷钾等土壤因子影响外，重金属的生物有效性还跟植物品种和植物种类有关系。不同类型农作物吸收重金属元素的生理生化机制各异，因而有不同吸收和富集重金属的特征，即使是同一类型的农作物，不同品种间富集重金属的能力也有显著差异[66]。尚爱安等[67]研究玉米、水稻、大豆、小麦不同农作物对重金属的吸收，结果表明就锌而言，玉米茎叶是吸收重金属的主要部位，而大豆和小麦的籽实是主要部位，水稻则集中在根部。根系分泌的有机酸、糖类、氨基酸和土壤微生物对重金属进入植物根部细胞具有重要的促进或抑制作用，大大改变了不同价态重金属的迁移能力、溶解度和对植物的毒性。此外，农田灌溉方式、灌溉时间、施肥方式和田间管理等农艺措施都会影响作物对土壤中重金属的吸收。因此，为了正确管理和改良重金属污染的土壤，人们应当准确了解重金属元素从土壤向植物转移的各种途径（图 4-1），而由于根系活动构成了独特的生理化学和生物学特性，所以，应将注意力集中在对土壤-根系界面的研究。

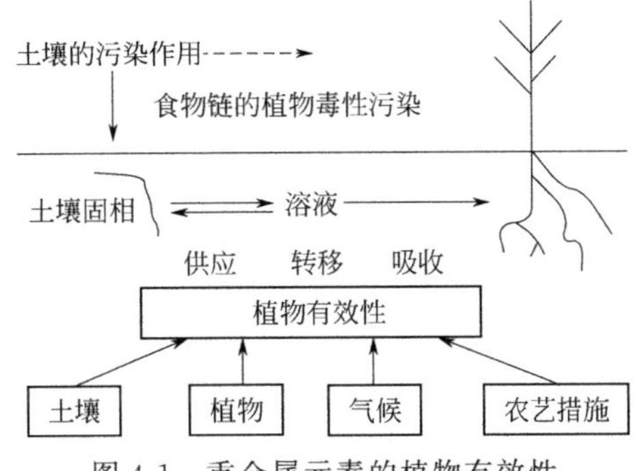

图 4-1　重金属元素的植物有效性

在一般情况下，土壤中重金属元素的增加将会促进植物根系的吸收作用。植物从土壤溶液中吸收重金属元素，土壤中重金属的含量反映的是其有效量的供给能力，并不能反映出其转入植物根系的数量，其原因是重金属对植物仅有部分有效性（图 4-2）。根据重金属在土壤-水系统中的移动性，土壤中的重金属元素可分为可溶解的金属离子、弱吸收的金属离子、植物生长期解吸的金属和植物生长期非移动金属离子四部分。土壤中具有生物有效性的重金属元素均存在于前三部分，其有效性程度完全取决于土壤性质和植物的吸收能力以及不同的土壤环境[68]。

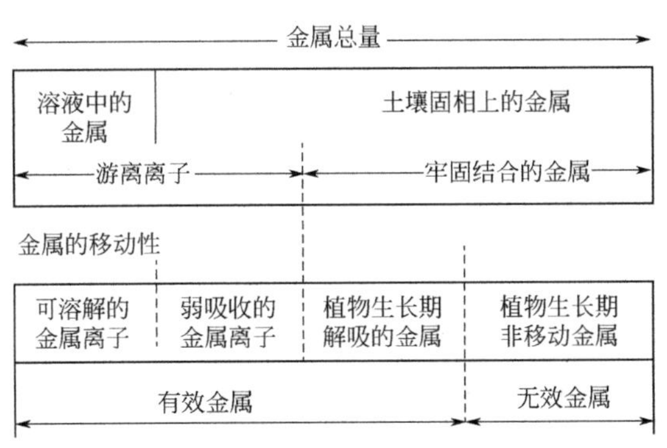

图 4-2　土壤中重金属元素有效性的模式

综上所述，根系环境中的 pH 值、氧化还原电位值、有机质、阳离子交换量、根系分泌物、有效态含量等直接影响重金属的固化和活化状态，从而影响重金属及其形态在土壤-作物系统中的迁移转化行为，所以根系环境对重金属污染有着重要的作用。因此，开展研究土壤-根系系统中重金属的来源、变化形式、迁移规律和对植物的毒害作用等十分必要，对研究土壤中重金属污染的毒害程度以及食品安全有着重要意义。

参 考 文 献

[1] 蔡燕子，谢湉，于淑玲，等. 黄河三角洲农田土壤-作物系统重金属污染风险评估[J]. 北京师范大学学报(自然科学版)，2018，54(1)：48-55.

[2] 倪润祥. 中国农田土壤重金属输入输出平衡和风险评价研究[D]. 北京：中国农业科学院，2017.

[3] 郑顺安. 我国典型农田土壤中重金属的转化与迁移特征研究[D]. 杭州：浙江大学，2010.

[4] 樊文华，白中科，李慧峰，等. 复垦土壤重金属污染潜在生态风险评价[J]. 农业工程学报，2011，27(1)：348-354.

[5] 章海波，骆永明，李远，等. 中国土壤环境质量标准中重金属指标的筛选[J]. 土壤学报，2014，51(3)：429-438.

[6] 孙延琛，曾祥峰，杨立琼，等. 强还原过程对设施菜地土壤重金属形态转化的影响[J]. 应用生态学报，2017，28(11)：3759-3766.

[7] 梁蕾，李季，杨合法，等. 长期温室菜地土壤重金属累积状况及污染评价[J]. 环境化学，2018，37(7)：1515-1524.

[8] 董家麟. 土壤重金属污染及修复技术综述[J]. 节能与环保，2018，7：48-51.

[9] 赵其国，骆永明. 论我国土壤保护宏观战略[J]. 中国科学院，2015，30(4)：452-458.

[10] 杨亚提，张一平. 几种土壤粘粒表面 Pb^{2+} 吸附—解吸不可逆性特征[J]. 西北农林科技大学学报(自然科学版)，2007，35(1)：128-132.

[11] 赵永红，周丹，余水静，等. 有色金属矿山重金属污染控制与生态修复[M]. 北京：冶金工业出版社，2014：24-25.

[12] 焦艺博. 重金属 Cd、Pb 在土壤中纵向迁移的数值模拟[D]. 开封：河南大学，2010.

[13] 曹勤英，黄志宏. 污染土壤重金属形态分析及其影响因素研究进展[J]. 生态科学，2017，36(6)：222-232.

[14] 金晓丹，马华菊，颜增光，等. 典型制革厂周边农田土壤重金属污染特征[J]. 广西大学学报(自然科学版)，2018，43(5)：2079-2087.

[15] 刘晓娟，程滨，赵瑞芬，等. 3 种不同类型土壤对 Cr(Ⅵ)的吸附特性[J]. 中国农学通报，2019，35(6)：44-53.

[16] 麦麦提吐尔逊·艾则孜，阿吉古丽·马木提，艾尼瓦尔·买买提. 新疆焉耆盆地辣椒地土壤重金属污染及生态风险预警[J]. 生态学报，2018，38(3)：1075-1086.

[17] 雷鸣，廖柏寒，秦普丰. 土壤重金属化学形态的生物可利用性评价[J]. 生态环境，2007，16(5)：1552-1556.

[18] 周芙蓉，王进鑫，张青，等. 侧柏和国槐叶片中铅的化学形态与分布研究[J]. 农业环境科学学报，2012，31(11)：2121-2127.

[19] Tessier A，Campbell P G C，Bisson M. Sequential Extraction Procedure for the Speciation of Particulate Trace Metals[J]. Analytical Chemistry，1979，51(7)：844-851.

[20] Forstner U，Wittmann G T W. Metal Pollution in the Aquatic Environment[M]. Berlin：Springer-Verlag，1979：110.

[21] Shuman L. Fractionation Method for Soil Microele-Ments[J]. Soil Science，1985，140(1)：11-22.

[22] Quevauviller P，Rauret G，Griepink B. Single and Sequential Extraction in Sediments and Soils[J]. Interna tional Journal of Environmental Analytical Chemistry，2006，51(1/4)：231- 235.

[23] Gambrell R P. Trace and Toxic Metals in Wetlands—A Review[J]. Joural of Environmental Quality，1994，23(5)：883- 891.

[24] Leleyter L，Probst J-L. A New Sequential Extraction Procedure for the Speciation of Particulate Trace Elements in River Sediments[J]. Intern J Environ Anal Chem，1999，73(2)：109-128.

[25] 邵涛，刘真，黄开明，等. 油污染土壤重金属赋存形态和生物有效性研究[J]. 中国环境科学，2000，20(1)：57-60.

[26] 钟晓兰，周生路，黄明丽，等. 土壤重金属的形态特征及其影响因素[J]. 生态环境学报，2009，18(4)：1266-1273.

[27] 陈江军，刘波，李智民，等. 江汉平原典型场区土壤重金属赋存形态及其影响因素探讨[J]. 资源环境与工程，2018，32(4)：551-556.

[28] 章骅，何品晶，吕凡，等. 重金属在环境中的化学形态分析研究进展[J]. 环境化学，2011，30(1)：130-137.

[29] 李国臣，李泽琴，高岚. 土壤重金属生物可利用性的研究进展[J]. 土壤通报，2012，43(6)：1527-1531.

[30] 朱波，青长乐，牟树森. 紫色土外源锌、镉形态的生物有效性[J]. 应用生态学报，2002(05)：555-558.

[31] 张克云，曹宇，许立凡，等. 水稻-土壤生态系统对 Cu、As 污染的缓冲作用[J]. 应用生态学报，1995(03)：313-316.

[32] 张景茹，周永章，叶脉，等. 土壤-蔬菜中重金属生物可利用性及迁移系数[J]. 环境科学与技术，2017，40(12)：256-266.

[33] 和君强，刘代欢，邓林，等. 农田土壤镉生物有效性及暴露评估研究进展[J]. 生态毒理学报，2017，12(6)：69-82.

[34] 殷宪强，王昌钊，易磊，等. 黄绵土铅形态与土壤酶活性关系的研究[J]. 农业环境科学学报，2010，29(10)：1979-1985.

[35] 杨兰，李冰，王昌全，等. 伴随阴离子对土壤 Cd 形态转化的影响[J]. 生态环境学报，2015，24(5)：866-872.

[36] 耿慧，张平究，李云飞，等. 不同退耕年限下菜子湖湿地土壤 Cu 和 Zn 形态特征[J]. 土壤通报，2017，48(5)：1256-1263.

[37] 宋菲，郭玉文，刘孝义，等. 土壤中重金属镉锌铅复合物的研究[J]. 环境科学学报，1996，16(4)：431-435.

[38] 方慧. 水稻-油菜轮作对土壤重金属迁移转化及其活性的影响[D]. 贵阳：贵州大学，2018.

[39] Bilge A，Mehmet A Y. Remediation of Lead Contaminated Soils by Stabilization/Solidification [J]. Water，Air and Soil Pollution，2002，133：253-263.

[40] Kostera M，Reijnder L，van Oost N R，et al. Comparison of the Method of Diffusive Gels in Thin

Films with Conventional Extraction Techniques for Evaluating Zinc Accumulation in Plants and Isopods[J]. Environmental Pollution, 2005, 133:103 - 116.

[41] Mayer L M, Chen Z, Findlay H, et al. Bioavailability of Sedi-mentary Contaminants Subject to Deposit Feeder Digestion[J]. Environmental Science of Technology, 1996, (30): 2641 - 2645.

[42] 陈俊，范文宏，孙如梦，等. 新河污灌区土壤中重金属的形态分布和生物有效性研究[J]. 环境科学学报，2007(05): 831-837.

[43] 黄立章，金腊华，万金保. 土壤重金属生物有效性评价方法[J]. 江西农业学报，2009，21(4): 129-132.

[44] Ruby M V, Davis A, Schoof R, et al. Estimation of Lead and Arsenic Bioavaibility Using a Physiologically Based Extraction Test[J]. Environmental Science and Technology, 1996, 30(2): 422 - 430.

[45] Rodriguez R R, Basta N T, Casteel S W, et al. An In-Vitro Gastrointestinal Method to Estimate Bioavailable Arsenic in Contaminated Soil sand Solid Media[J]. Environmental Science and Technology, 1999, 33(4): 642 - 649.

[46] Kim J Y, Kim K W, Lee J U, et al. Assessment of As and Heavy Metal Contamination in the Vicinity of Ducku Au-Ag, Mine,Korea[J]. Environmental Geochemistry and Health, 2002 (24): 215- 227.

[47] 徐伯钧. 土壤重金属植物有效性的控制因素研究[J]. 种子科技，2018，36(04): 117-118.

[48] 吴燕玉，王新，梁仁禄，等. 重金属复合污染对土壤植物系统的生态效应 I. 对作物、微生物、苜蓿、树木的影响[J]. 应用生态学报，1997(02): 207-212.

[49] 艾海舰，张雄，刘翠英，等. 陕蒙高速两旁粮食作物中重金属含量分析[J]. 安徽农业科学，2009，37(18): 8669-8671.

[50] 纪玉琨，李广贺. 作物对重金属吸收能力的研究[J]. 农业环境科学学报，2006(S1): 104-108.

[51] 刘沙沙，付建平，蔡信德，等. 重金属污染对土壤微生物生态特征的影响研究进展[J]. 生态环境学报，2018，27(06):1173-1178.

[52] 孟庆峰，杨劲松，姚荣江，等. 单一及复合重金属污染对土壤酶活性的影响[J]. 生态环境学报，2012，21(03): 545-550.

[53] 纪小凤，郑娜，王洋，等. 中国城市土壤重金属污染研究现状及展望[J]. 土壤与作物，2016，5(01): 42-47.

[54] 廖国礼，吴超，谢正文. 铅锌矿山环境土壤重金属污染评价研究[J]. 湖南科技大学学报(自然科学版)，2004，19(4): 78-82.

[55] 杜平. 铅锌冶炼厂周边土壤中重金属污染的空间分布及其形态研究[D]. 北京:中国环境科学研究院，2007.

[56] 曾清如，周细红，铁柏清，等. 铅锌矿自然扩散晕内重金属的污染特征及其防治技术[J]. 农村生态环境，1997，13(1): 12-15.

[57] 方利平，章明奎，陈美娜，等. 长三角和珠三角农业土壤中铅、铜、镉的化学形态及转化[J]. 中国生态农业学报，2007，15(4): 39-41.

[58] 郑向群，郑顺安，李晓辰，等. 外源铬(Ⅲ)在潮土和红壤中的形态转变特征及模型拟合[J]. 环境化学，2012，31(12): 2008-2009.

[59] Tang X Y, Zhu Y G, Cui Y S, et al. The Effect of Ageing on the Bioaccessibility and Fractionation of Cadmium in Some Typical Soils of China[J]. Environment International. 2006, 32(5): 682-689.

[60] Sauvé S, McBride M B, Norvell W A, et al. Copper Solubility and Speciation of in Situ Contaminated Soils, Effect of Copper Level, pH and Organic Matter[J]. Water, Air and Soil Pollution, 1997, 100: 133-149.

[61] Davies B E. Inter-Relationship between Soil Properties and the Uptake of Cadmium, Copper, Lead and Zinc from Contaminated Soils by Radish (*Rahanus satius* L.)[J]. Water, Air and Soil Pollution, 1992, 63: 331-342.

[62] McBride M, et al. Activity in Aged Suspensions of Goethite and Organic Matter[J]. Soil Sci Sco Am J, 1998, 62: 1542-1548.

[63] Spark K M, et al. Sorption of Heavy Metals by Mineral-Humic Acid Substances[J] Australian Journal of Soil Research, 1997, 35(1): 113-122.

[64] Smit C E, Van Gestel C A M. Effects of Soil Type, Prepercolation and Ageing on Bioaccumulation and Toxicity of Zinc for the Springtail *Folsomia candida* [J]. Environmental Toxicology and Chemistry, 1998, 17(6): 1132-1141.

[65] 吴燕玉，王新，梁仁禄，等. 重金属复合污染对土壤-植物系统的生态效应Ⅱ. 对作物、苜蓿、树木吸收元素的影响[J]. 应用生态学报，1997，8(5)：545-552.

[66] 赵科理. 土壤-水稻系统重金属空间对应关系和定量模型研究[D]. 杭州：浙江大学，2010.

[67] 尚爱安，刘玉荣，梁重山. 土壤中重金属的生物有效性研究进展[J]. 土壤，2000，6：294-314.

[68] 范拴喜. 土壤重金属污染与控制[M]. 北京：中国环境出版社，2011.

第 5 章

农田土壤重金属污染评价

土壤重金属污染范围广、危害大，深入分析土壤重金属空间分布特征，并对其污染作出正确评价，制订土壤污染治理措施，具有十分重要的现实意义。目前，国内外常用的土壤中重金属污染的评价方法有单因子污染指数法、内梅罗综合污染指数法、污染负荷指数法、环境风险指数法、地累积指数法、富集因子法、潜在生态风险指数法、物元分析法、灰色聚类法、基于地统计学的GIS 评价法、基于人体健康风险评价法等。

5.1 指数法

5.1.1 单因子污染指数法

单因子污染指数法是我国通用的一种方法，常用于评价土壤重金属污染。土壤单项污染指数污染程度分级见表 5-1，计算公式如下：

$$P_i = C_i / S \tag{5-1}$$

式中，P_i 为污染物单因子指数；C_i 为实测浓度，mg/kg；S 为土壤环境质量标准（评价区域土壤背景值或相关部门土壤质量标准），mg/kg。

表 5-1 土壤单项污染指数污染程度分级

编号	综合污染指数(P 综)	污染等级
1	$P_i \leqslant 1$	无污染

续表

编号	综合污染指数(P 综)	污染等级
2	$1<P_i\leqslant 2$	轻微污染
3	$2<P_i\leqslant 3$	轻度污染
4	$3<P_i\leqslant 5$	中度污染
5	$P_i>5$	重度污染

单因子指数法可以判断环境中的主要污染因子，反映某个污染物的污染程度，是其他环境质量指数、环境质量分级和综合评价的基础。但环境污染往往是由多个污染因子复合污染导致的，因此这种方法更适用于单一因子污染特定区域的评价。

5.1.2　内梅罗综合污染指数法

不同地区的土壤背景差异较大，当评价整个区域被多种重金属污染的土壤时，可以采用内梅罗综合污染指数法。内梅罗综合污染指数污染程度分级见表 5-2，计算公式为：

$$P_i=C_i/S \tag{5-2}$$

$$P_N=\sqrt{(P_{i_{最大}}^2+P_{i_{平均}}^2)/2} \tag{5-3}$$

式中，P_i 为土壤中 i 元素标准化污染指数；C_i 为实测浓度，mg/kg；S 为土壤环境质量标准，mg/kg；P_N 为内梅罗综合污染指数；$P_{i_{最大}}$ 为所有元素污染指数中的最大值；$P_{i_{平均}}$ 为所有元素污染指数的平均值。

表 5-2　土壤内梅罗综合污染指数分级标准

等级	综合污染指数(P_N)	污染等级
Ⅰ	$P_N\leqslant 0.7$	清洁(安全)
Ⅱ	$0.7<P_N\leqslant 1.0$	尚清洁(警戒线)
Ⅲ	$1.0<P_N\leqslant 2.0$	轻度污染
Ⅳ	$2.0<P_N\leqslant 3.0$	中度污染
Ⅴ	$P_N>3.0$	重污染

从式（5-3）可知，内梅罗综合污染指数涵盖了各单因子污染指数，并突出了高浓度污染在评价结果中的权重，从而比单独运用单因子污染指数法的综合评判能力高。刘哲民[1]应用单因子污染指数法和内梅罗综合污染指数法对宝鸡

土壤的重金属污染进行了评价，并对土壤重金属污染现状进行分级。然而仅仅提升高浓度污染在其中的比重，可能导致最大值、不规范合理设置采样点或者后续分析检测所带来的异常值对所得结果的影响过大，从而降低了该评价方法的灵敏度。除此之外，某种金属的单因子污染指数的最大值的应用，并不具有生态毒理学依据。因此很多研究者利用内梅罗综合指数结合其他污染评价手段的方式，从多角度反映土壤中重金属污染情况。如罗浪等[2]应用内梅罗综合污染指数法、污染负荷指数法和聚类分析法等方法综合分析金属矿周围牧区土壤重金属的污染程度。

5.1.3 地积累指数法

地积累指数（I_{geo}）是德国科学家 Muller[3]提出的一种研究水环境沉积物中重金属污染的定量指标，除反映重金属分布的自然变化特征外，可判别人为活动对环境的影响，是区分人为活动影响的重要参数。地积累指数分级见表 5-3，计算公式为：

$$I_{geo} = \log_2 \left[\frac{C_n}{1.5BE_n} \right] \tag{5-4}$$

式中，C_n 为样品中元素 n 的浓度；BE_n 为环境背景浓度值；1.5 为转换系数（为消除各地岩石差异可能引起的背景值的变动）。

表 5-3　地积累指数分级

地质累积指数	分级	污染程度
$I_{geo} \leqslant 0$	0	无污染
$0 < I_{geo} \leqslant 1$	1	轻度-中等污染
$1 < I_{geo} \leqslant 2$	2	中等污染
$2 < I_{geo} \leqslant 3$	3	中等-强污染
$3 < I_{geo} \leqslant 4$	4	强污染
$4 < I_{geo} \leqslant 5$	5	强-极严重污染
$5 < I_{geo} \leqslant 10$	6	极严重污染

地积累指数除考虑人为污染因素、环境地球化学背景值外，还考虑由于自然成岩作用可能会引起背景值变动的因素。柴世伟[4]等采用地积累指数法对广州郊区土壤进行评价，结果表明广州郊区土壤中 Hg 和 Cd 都达到中度污染。该方法给出各采样点某种重金属的污染指数，而无法对元素间或区域间环境质量进行比较分析，因而该评价方法不能系统了解评价区域的环境状况。

5.1.4 富集因子法

富集因子法通过选择标准化元素对样品浓度进行标准化，再将二者比率同参照区中两种元素比率相比，产生一个在不同元素间可相比较的因子，即可有效评价人类活动对土壤中重金属富集程度的影响，并可有效避免天然背景值对评价结果的干扰。所选的标准化元素要求性质较稳定，不易受环境和分析测试环节的影响。常用标准化元素主要有钪、锰、钛、铝、铁、钙等。其具体计算公式为：

$$EF=\frac{\dfrac{C_n(\text{sample})}{C_{\text{ref}}(\text{sample})}}{\dfrac{B_n(\text{background})}{B_{\text{ref}}(\text{background})}} \tag{5-5}$$

式中，EF 为重金属在土壤中的富集系数；$C_n(\text{sample})$，$B_n(\text{background})$ 分别为某元素在评价区和参照区的浓度；$C_{\text{ref}}(\text{sample})$，$B_{\text{ref}}(\text{background})$ 分别为参比元素在评价区和参照区的浓度。Sutherland[5] 根据富集因子将重金属污染分为 5 个级别，见表 5-4。

表 5-4　富集因子与重金属污染程度的关系

富集因子	重金属污染程度
$EF<2$	无污染-轻微污染
$2\leqslant EF<5$	中污染
$5\leqslant EF<20$	重污染
$20\leqslant EF<40$	严重污染
$40\leqslant EF$	极重污染

国内外许多学者已开始将该方法应用到土壤重金属污染的评价中，李娟娟等[6]对炼铜厂区土壤重金属采用富集因子法进行评价，发现土壤中 Cu、Zn、Pb、Cd 显著富集，与地积累指数法评价结果一致。但富集因子法在应用过程中也存在一些问题，主要是参比元素的选择具有不规范性以及不同地区背景值的不确定性。除此之外，土壤中重金属污染来源复杂，富集因子法在此的应用仅能反映重金属的富集程度，不具备追溯到具体污染源及迁移途径的能力。

5.1.5 污染负荷指数法

污染负荷指数法是由 Tomlinson 等[7]提出来的一种评价方法，被广泛应用于土壤和河流沉积物重金属污染的评价。某一点的污染负荷指数计算公式为：

$$CF_i = C_i / C_{oi} \tag{5-6}$$

$$PLI = \sqrt[n]{CF_1 \times CF_2 \times \cdots \times CF_n} \tag{5-7}$$

式中，CF_i 为元素 i 的最高污染系数；C_i 为元素 i 的实测含量，mg/kg；C_{oi} 为元素 i 的评价标准，mg/kg；PLI 为某一点的污染负荷指数；n 为评价元素的个数。

某一区域的污染负荷指数为：

$$PLI(\text{zone}) = \sqrt[n]{PLI_1 \times PLI_2 \times \cdots \times PLI_n} \tag{5-8}$$

式中，$PLI(\text{zone})$ 为区域污染负荷指数；n 为评价元素的个数。

污染负荷指数通过求积的统计法得出，其指数由评价区域所包含的多种重金属成分共同构成，因此能反映各个重金属对区域污染的贡献程度，还可进一步反映各个重金属污染的时空变化特征。王婕[8]采用污染负荷指数法对淮河（安徽段）底泥 7 种重金属元素的污染状况进行了分析评价，各重金属污染程度依次为铬>钴>锰=铜>铅>锌>钒。然而该评价方法的缺陷在于不能反映重金属的化学活性和生物可利用性，且忽略了不同污染源所引起的背景差别。

5.1.6 环境风险指数法

环境风险指数法由 Rapant[9]提出，可以定量度量重金属污染的土壤环境风险程度大小。计算公式为：

$$I_{E_{Ri}} = (AC_i / RC_i) - 1 \tag{5-9}$$

$$I_{ER} = \sum_{i=1}^{n} I_{E_{Ri}} \tag{5-10}$$

式中，$I_{E_{Ri}}$ 为超过临界限量的第 i 种元素的环境风险指数；AC_i 为第 i 种元素的分析含量，mg/kg；RC_i 为第 i 种元素的临界含量，mg/kg；I_{ER} 为待测样品的环境风险。

Rapant 等[9]曾对斯洛伐克国家的环境风险进行分级，并深入分析了不同重金属对环境污染的贡献大小。

5.1.7 潜在生态风险指数法

潜在生态风险指数法是瑞典科学家 Hakanson [10]于 1980 年提出的评价重金属潜在生态风险的一种方法。此方法主要是从沉积学的角度，根据重金属

“水体—沉积物—生物区—鱼—人”这一迁移累积主线，将重金属含量、环境生态效应、毒理学有效结合到一起。计算公式为：

$$P_i = C_s^i / C_n^i \tag{5-11}$$

$$E_r^i = T_r^i P_i \tag{5-12}$$

$$RI = \sum_{i=1}^{n} E_r^i = \sum_{i=1}^{n} T_r^i C_s^i / C_n^i \tag{5-13}$$

式中，P_i 为单因子污染指数；C_s^i 为重金属浓度实测值；C_n^i 为重金属参比值；E_r^i 为单因子生态风险系数；T_r^i 为毒性响应系数；RI 为多因子综合潜在生态风险指数。

Hakanson 从“元素丰度原则”和“元素释放度”两方面考虑，按单因子污染物生态风险指标 E_r^i 和总的潜在生态风险指标 RI 进行生态风险分级，重金属污染潜在生态风险指标与分级关系见表 5-5。

表 5-5　重金属污染潜在生态风险指标与分级关系

单个重金属潜在生态风险指数 E_r^i	单因子污染物生态风险程度	多种重金属潜在生态风险指数(RI)	总的潜在生态风险程度
$E_r^i<40$	低	$RI<150$	低
$40 \leqslant E_r^i<80$	中	$150 \leqslant RI<300$	中
$80 \leqslant E_r^i<160$	较重	$300 \leqslant RI<600$	重
$160 \leqslant E_r^i<320$	重	$600 \leqslant RI$	严重
$320 \leqslant E_r^i$	严重		

潜在生态风险指数法既考虑到了多种有害元素的加和作用，又考虑到了重金属对生物的毒性不同，引入了毒性因子，使评价更侧重于毒理方面。对其潜在的生态风险进行评价，不仅可为环境改善提供科学依据，还可为人们健康生活提供科学参照，但该种方法的加权带有一定的主观性。

5.2　模型指数法

模型指数法是利用已有参数，借助计算软件构建数学模型，进行评价重金属污染的一种方法。目前国内研究较多的模型指数法主要有以下几种。

5.2.1 物元分析法

物元分析法是我国蔡文教授[11]于 20 世纪 80 年代初创立的，其理论支柱是物元理论和可拓集合。在采用物元分析法进行土壤重金属污染评价时，首先应建立土壤物元模型，确定评价区域节域、经典域对象物元矩阵，然后根据关联函数公式以及土壤各种重金属元素的权重，计算采样点分别对于各级土壤的综合关联隶属程度。徐笠等[12]采用物元分析法以安徽省 3 种主要土壤为研究对象进行了评价尝试，结果表明重金属污染程度依次是黄褐土＞黄红壤＞砂姜黑土。王作雷等[13]将以物元模型和可拓数学为理论基础开发的非线性可拓综合评价方法用于土壤重金属污染评价，并和层次分析模糊决策法和模糊综合评价法的评价结果进行比较，发现该方法大大减少了计算工作量，客观地反映了土壤的环境质量状况。

5.2.2 模糊数学法

模糊数学法是由 Zadeh[14] 于 1965 年提出的，模糊理论已经广泛应用于土壤环境质量评价的相关研究中。模糊数学法通过隶属度来描述土壤重金属污染状况的渐变性和模糊性。描述模糊的污染分级界线，各评价等级的隶属度需要通过各评价指标的权重进行修正，以进一步得到评价样品对评价等级的隶属度，最后根据最大隶属度原则确定样品所属的污染等级。模糊数学法用于土壤污染评价具有简单直观的优点，并且其充分考虑各级土壤标准界线的模糊性，使评价结果接近于实际。窦磊等[15]采用改进的模糊综合分析法进行土壤重金属污染评价，经验证，模糊综合评价模型是正确的，用于土壤重金属污染评价是可行的。应用模糊数学法进行污染评价成功的关键在于如何确定各指标的权重，确定指标权重时可采用最优权系数法，从而避免确定评价指标权重的任意性。

5.2.3 灰色聚类法

灰色聚类法是在模糊数学法基础上发展起来的，主要是针对土壤环境中存在的灰色性而进行评价的一种方法。该方法的大体步骤是先构造白化函数，引入修正系数，确定污染物权重，再计算聚类系数，实现土壤样品的环境质量等级评判与排序。

一般灰色聚类法最后是按聚类系数的最大值，即“最大原则”来进行分类的，忽略了较小的上一级别的聚类系数且不考虑它们相互之间的关联性，这导致了出现分辨率降低甚至评价失真的现象。鉴于此，人们研究应用改进灰色聚类法，开发出灰色关联分析、宽域灰色聚类分析等多种模型，较好地克服了这一缺点。改进灰色聚类法的关键在于根据“大于其上一级别之和”法进行判定聚类对象所属级别。改进灰色聚类法的出发点在于：既然下（上）一级别的值域对上（下）一级别的白化函数值彼此都有贡献，本身就说明了聚类系数之间具有关联性。由此可见，改进灰色聚类法结果更为可信，更接近实际。

5.2.4 层次分析法

在多种重金属复合污染的情况下，各种重金属对土壤质量的影响是不同的，只有通过加权综合，才能揭示不同评价因子间的内在联系，使综合评价结果更接近和符合环境质量的实际情况，各个因素的权重可以通过层次分析法来确定。层次分析法于 1980 年被 Saaty 教授[16]提出，将定性和定量相结合，特别适用于分析难以完全定量的复杂决策问题。层次分析法主要包括 4 个计算步骤：①建立层次结构模型；②构造两两比较判断矩阵；③层次单排序及其一致性检验；④层次总排序及其一致性检验。

层次分析法的关键步骤是在各层次上建立比较矩阵，通过两两比较其在同一层次上各元素的相对重要性，并用标度 1～9 来表示这种相对重要程度。由于判断过程中存在复杂性和模糊性，较难一次得到满意（通过一致性检验）的判断矩阵。对此，决策者可以采用三标度法来判断同一层次上各元素的重要程度，给出三标度的比较矩阵。然后选择其中最大和最小排序指数所对应的元素作为基点，根据这 2 个元素的重要性差别，给出基点重要程度的标度，最后以此基点为基础，通过数学变换式把三标度比较矩阵转换成间接判断矩阵[17,18]。

孟宪林[19]等对层次分析法进行了改进，即根据“大于其上一级别之和”的分类原则进行判定样本所属质量级别，并应用于土壤重金属污染的评价，结果表明：改进的层次分析法比模糊综合评判法以及一般层次分析法更为合理。

5.2.5 集对分析与三角模糊数耦合评价模型

集对分析理论是我国学者赵克勤先生[20]于 1989 年所提出的一种不确定性系统分析新方法，已被应用于环境领域中的土壤重金属污染评价。基于集对分析与三角模糊数耦合的土壤重金属污染综合评价的基本步骤：首先将土壤中各种污染因子指标的实际值与参考标准值构成一集对，针对这一集对做同异反决策分析，利用三角模糊数构造其差异度系数 i，然后基于三角模糊数确定联系数，并结合评价指标权重来综合评价土壤重金属污染状况。葛康[21]将该方法评价结果同其他方法评价结果进行对比，表明所得评价结果与其他各种方法的评价结果基本一致。

5.2.6 区间数排序法

区间数排序法是能反应污染物浓度范围的一种数学方法，避免了由于使用均值而产生的数据误差，已经在水质风险评价中得到应用，但在土壤重金属风险评价中还鲜有应用。

目前，大部分评价方法采用重金属浓度的均值进行评价，并不能很好地反映污染物浓度的变化及范围，区间数排序法用区间数来表示污染物浓度的变化范围，从而包含更多的污染物浓度信息。初始模型采用经典的 Hakanson 的生态风险指数法模型。基于区间数的 Hakanson 潜在生态风险指数模型其计算式为：

$$P_i = C_s^i / C_n^i \tag{5-14}$$

$$E_r^i = T_r^i P_i \tag{5-15}$$

$$RI = \sum_{i=1}^{n} E_r^i = \sum_{i=1}^{n} T_r^i C_s^i / C_n^i \tag{5-16}$$

式中，P_i 为单因子污染指数，以区间形式表示，无量纲；C_s^i 为土壤重金属浓度实测值，以区间形式表示，mg/kg；C_n^i 为重金属参比值，一般以工业化前的水平表示，mg/kg；E_r^i 为单因子生态风险系数，以区间形式表示，无量纲；T_r^i 为毒性响应系数；RI 为各种重金属生态风险的总和，以区间形式表示，无量纲。

区间排序法的基本概念如下：

设 $\tilde{a}$ 和 $\tilde{b}$ 同时为区间数或者有一个为区间数，$\tilde{a}=[a^-, a^+]$，$\tilde{b}=[b^-, b^+]$，区间长度记为 $I_{\tilde{a}}=a^+-a^-$，$I_{\tilde{b}}=b^+-b^-$。则 $P(\tilde{a}\geqslant\tilde{b})=\dfrac{\min[I_{\tilde{a}}+I_{\tilde{b}}, \max(a^+-b^-, 0)]}{I_{\tilde{a}}+I_{\tilde{b}}}$ 为 $\tilde{a}\geqslant\tilde{b}$ 的可能度。记 $P=(P_{ij})_{n\times n}$ 为可能度矩阵。可能度矩阵是模糊互补矩阵，满足以下性质：

① $0\leqslant P(\tilde{a}\geqslant\tilde{b})\leqslant 1$；

② $P(\tilde{a}\geqslant\tilde{b})$ 和 $P(\tilde{b}\geqslant\tilde{a})$ 为互补矩阵；

③ 当 $P(\tilde{a} \geqslant \tilde{b}) \geqslant 1/2$，且仅当 $a^{+}+a^{-} \geqslant b^{+}+b^{-}$。特别地，$P(\tilde{a} \geqslant \tilde{b})=1/2$，当且仅当 $a^{+}+a^{-}=b^{+}+b^{-}$。

基于可能度的区间数排序法是建立在模糊互补判断矩阵排序法基础上的。可能度矩阵是模糊互补判断矩阵，因此，利用中转法对区间数进行排序。

对于可能度矩阵 $P=(P_{ij})_{n \times n}$ 来说，一组权值构成的 n 维正向量 $\nu=(\nu_1, \nu_2, \cdots, \nu_n)$，为排序向量。$\nu_i=\frac{1}{n \times (n-1)} \times (\sum_{j=1}^{n} P_{ij}+\frac{n}{2}-1)$，则可利用 ν_i 对区间数进行排序。

基于区间排序法的土壤重金属生态风险分析模型被应用到广西环江污染农田土壤重金属生态风险分析中。研究结果表明区间数排序法与内梅罗综合污染指数排序结果一致，并且区间数排序法考虑到评价过程中的不确定性，避免了主观因素的影响。

5.3　其他评价方法

5.3.1　基于人体健康风险评价法

土壤重金属主要通过手口暴露、皮肤接触暴露、呼吸暴露途径对人体产生危害。目前，健康风险评价方法以美国国家科学院（NAS-NRC）提出的危害识别、剂量-反应评估、暴露评估和风险表征四步法为范式。它以风险度作为评价指标，把环境污染与人体健康联系起来，定量描述污染物对人体产生健康危害的风险，估算有害因子对人体健康产生危害的概率，确定优先控制的污染物，为环境治理提供科学决策。该方法越来越多地应用于重金属污染评价中。李玉梅等[22]对内蒙古包头某铝厂土壤重金属进行了健康风险评价，研究结果表明该地区土壤中镉已存在潜在致癌风险，镍的致癌健康风险指数已超过预警值。

5.3.2　基于地统计学的 GIS 评价法

地理信息系统（geographic information system，GIS）是采集、存储、管理、分析、描述和应用整个或部分地球表面与空间和地理分布有关的数据的计算机系统。GIS 具有强大的空间分析和数据管理功能，基于 GIS 的土壤等级评价将数值计算和图形处理有机结合起来，具有简洁、直观、易操作等特点。地统计学与 GIS 的结合用于土壤空间变异性分析，使分析大尺度土壤特性的变异规律变得较为方便。基于地统计方法的 GIS 系统可以描绘土壤元素的空间分布图，了解土壤重金属的空间分布特征和方向性变异及伴生规律，并定量地分析土壤元素含量水平的差异，为土壤污染的精准管理、土壤环境质量评价、土壤污染防治、农产品安全确保等提供了科学依据。

目前，使用 GIS 中克里格插值制图直观展示土壤重金属污染和表达土壤重金属空间分布已被广泛应用。王芬等[23]采用双层组合神经网络和 GIS 空间分析技术综合评价四川省川芎主产区土壤重金属污染，结果表明研究区大部分区域处于轻度重金属污染状态，并得到比单因子指数评价准确度更高的空间分布图。

土壤重金属污染评价对于控制日益严重的土壤重金属污染具有重要意义，而土壤重金属污染的评价方法多种多样，每种方法都有其侧重点，在土壤重金属污染评价过程中应选择多种方法结合运用，传统指数法和模型指数法结合使用能够使评价结果更加全面地反映土壤状况。同时，应科学合理地选择土壤重金属污染评价过程中的评价标准，要注意到不同土地利用方式对其评价标准会产生影响。

5.4 区间数排序法在土壤重金属污染评价中的应用研究

5.4.1 研究区域和样品分析

土壤样品采集区域位于广西环江毛南族自治县，在广西西北部，地处云贵高原东南缘，总地势为北高南低，四周山岭绵延，中部偏南为丘陵，最高海拔为 1693m，最低海拔为 149m，年均气温南丘陵一带为 19.9℃，年平均降雨量北部为 1750mm，空气平均相对湿度 79％。此地因铅锌金属矿区尾砂坝坍塌使大面积的农田受到污染，通过采集此地区的土壤，对其土壤中重金属的生态风险进行分析。

将采集好的土样置于通风、避光、干燥的地方，在室温条件下自然风干，剔除碎石块等杂质后进行研磨，分别过 20 目和 100 目筛用于分析测定。土壤 pH 值用电极法测定，土壤样品经国标法消解处理后用 ICP-MS（电感耦合等离子体质谱法）分析测定重金属含量，结果见表 5-6。

表 5-6　研究区域中土壤重金属的含量

采样点	Cu/(mg/kg)	Zn/(mg/kg)	Pb/(mg/kg)	Cd/(mg/kg)	As/(mg/kg)	Cr/(mg/kg)	Ni/(mg/kg)
1	14.87	321.66	641.44	0.31	51.45	40.30	9.37
2	10.90	135.52	173.31	0.22	14.76	28.68	7.91
3	13.47	156.84	297.43	0.24	25.87	28.28	8.98
4	10.61	113.30	219.32	0.14	19.08	22.84	7.34
5	15.42	232.28	521.08	0.17	42.71	28.85	8.86
6	20.04	390.19	837.00	0.27	57.61	36.87	11.96
7	10.69	102.82	181.60	0.09	15.87	25.32	7.14
8	13.51	117.39	255.79	0.15	19.49	27.30	7.63
9	12.60	105.67	191.35	0.10	15.66	26.00	8.13
10	15.68	141.12	312.89	0.17	24.06	35.80	9.93
11	13.43	155.03	262.69	0.11	21.75	40.69	7.95

5.4.2　参数选择

本研究将土壤中重金属含量以区间形式表示，运用土壤重金属生态风险分析模型得出风险区间。为区分风险等级并引入区间数排序法，建立了一种基于不确定性的区间数排序法的土壤重金属污染风险分析模型，并运用本模型对土壤重金属进行生态风险分析。

由于我国地域辽阔，土壤分布类型复杂，用统一的国家土壤背景值为标准就不能准确地反映当地的实际情况。因此，本研究主要参考相关文献资料提供的重金属毒性系数和《广西壮族自治区土壤环境背景值图集》[24] 中重金属的土壤背景值（见表 5-7），选取 7 种重金属（分别为 Cu、Zn、Pb、Cd、As、Cr 和 Ni）进行研究。

表 5-7　各种重金属的毒性系数和土壤背景值

重金属	毒性系数	土壤背景值/(mg/kg)
Cu	5	18.84
Zn	1	56.26
Pb	5	17.63
Cd	30	0.1015

续表

重金属	毒性系数	土壤背景值/(mg/kg)
Cr	2	72.24
As	10	11.26
Ni	5	16.20

5.4.3 重金属含量区间化

将研究区域农田土壤中的 7 种重金属污染物含量进行区间化处理，结果见表 5-8。

表 5-8 重金属含量的区间化

序号	重金属	区间化结果/(mg/kg)
1	Cu	[10.61,20.04]
2	Zn	[102.82,390.19]
3	Pb	[173.31,837.00]
4	Cd	[0.09,0.31]
5	As	[14.76,57.61]
6	Cr	[22.84,40.69]
7	Ni	[7.14,11.96]

5.4.4 重金属的风险

根据基于区间数的 Hakanson 潜在生态风险指数模型中的公式以及表 5-6 和表 5-7 的数据计算出研究区域 7 种重金属的风险值，结果见表 5-9。

表 5-9 不同重金属的风险值

序号	重金属	风险
1	Cu	[2.82,5.32]
2	Zn	[1.88,5.71]
3	Pb	[49.15,237.38]
4	Cd	[27.78,92.59]
5	As	[13.11,45.69]
6	Cr	[0.63,1.12]
7	Ni	[2.20,3.69]

5.4.5 各重金属风险区间数排序法

设 Cu、Zn、Pb、Cd、As、Cr 和 Ni 7 种重金属风险值分别为 R_1、R_2、R_3、R_4、R_5、R_6、R_7，则有：$R_1=[2.82, 5.32]$，$R_2=[1.88, 5.71]$，$R_3=[49.15, 237.38]$，$R_4=[27.78, 92.59]$，$R_5=[13.11, 45.69]$，$R_6=[0.63, 1.12]$，$R_7=[2.20, 3.69]$。

根据区间数排序法，求出其可能度矩阵 P_{ij}。

$$P_{ij}=\begin{bmatrix} 0.5 & 0.54 & 0 & 0 & 0 & 0 & 0.78 \\ 0.46 & 0.5 & 0 & 0 & 0 & 1 & 0.66 \\ 1 & 1 & 0.5 & 0.83 & 1 & 1 & 1 \\ 1 & 1 & 0.17 & 0.5 & 0.82 & 1 & 1 \\ 1 & 1 & 0 & 0.18 & 0.5 & 1 & 1 \\ 1 & 0 & 0 & 0 & 0 & 0.5 & 0 \\ 0.22 & 0.34 & 0 & 0 & 0 & 1 & 0.5 \end{bmatrix}$$

根据可能度矩阵，运用 $\nu_i=\dfrac{1}{n\times(n-1)}\times\left[\sum_{j=1}^{n}(P_{ij}+\dfrac{n}{2}-1)\right]$，求出其排序向量 ν_i。例如：

$$\nu_{Cu}=\frac{1}{7(7-1)}\times(0.5+0.54+0+0+0+0+0.78+\frac{7}{2}-1)$$

$$=\frac{4.32}{42}=0.1028$$

经计算 $\nu_{Cu}=0.1028$；$\nu_{Zn}=0.1219$；$\nu_{Pb}=0.1936$；$\nu_{Cd}=0.1902$；$\nu_{As}=0.1709$；$\nu_{Cr}=0.0952$；$\nu_{Ni}=0.0490$。可见，研究区域各重金属风险值排序为 Pb＞Cd＞As＞Zn＞Cu＞Cr＞Ni。

为了检验区间数排序法分析结果的可靠性，采用地积累指数法对土壤中 7 种重金属元素进行分级计算，结果见表 5-10。

表 5-10　7 种重金属地积累指数及污染等级情况

T 元素	最小值	最大值	平均值	污染程度	区间数排序向量(V_i)
Cu	−1.3744	−0.4959	−1.0644	无污染	0.1028
Zn	0.2850	2.2090	0.9370	轻度-中等污染	0.1219
Pb	2.7123	4.6002	3.5387	强污染	0.1936

续表

T元素	最小值	最大值	平均值	污染程度	区间数排序向量(V_i)
Cd	−0.7584	1.0258	0.1256	轻度-中等污染	0.1902
As	−0.1945	1.7701	0.5632	轻度-中等污染	0.1709
Ni	−1.7670	−1.2911	−1.5051	无污染	0.0490
Cr	−2.2462	−1.4131	−1.8318	无污染	0.0952

7种重金属地积累指数的平均值排序由大到小依次为Pb>Zn>As>Cd>Cu>Ni>Cr，Pb、Zn、Cd、As四种重金属造成一定程度的污染，而区间数排序法分析结果显示，Pb、Cd、As和Zn四种重金属元素的生态风险较大，由于该方法引入重金属的毒性系数，且Pb、Cd和As的毒性系数较大，因此，上述三种重金属在区间数排序法分析结果中排序相对靠前。综合以上结果，可以看出区间数排序法与地积累指数法的分析结果相比较，前者更加体现有毒有害重金属对整体环境质量的影响，还可反映出对环境和人类的危害程度，分析结果更具有科学性。

5.5 物元分析法在土壤重金属污染评价中的应用研究

5.5.1 研究区域、样品测定及参数选择

土壤样品采集区域位于广西环江毛南族自治县，隶属广西壮族自治区河池市，在广西西北部，地处云贵高原东南缘，总地势为北高南低，四周山岭绵延，中部偏南为丘陵，最高海拔为1693m，最低海拔为149m，年均气温南丘陵一带为19.9℃，年平均降雨量北部为1750mm，空气平均相对湿度79%。此地因铅锌金属矿区尾砂坝坍塌使大面积的农田受到污染，本研究通过采集此地区的土壤，分析其污染状况。

另外，由于我国地域辽阔，土壤分布类型复杂，用统一的国家土壤背景值为标准就不能准确地反映当地的实际情况，本研究主要参考《广西壮族自治区土壤环境背景值图集》[24]，根据国内外研究报道将土壤中重金属的评价标准划分为5个等级（见表5-11）。

表 5-11　土壤重金属污染的评价标准

评价结果	Cu/(mg/kg)	Zn/(mg/kg)	Pb/(mg/kg)	Cd/(mg/kg)
Ⅰ清洁	28.37	83.68	23.35	0.12
Ⅱ尚清洁	40.63	116.76	36.09	0.25
Ⅲ轻度污染	120	240	150	0.60
Ⅳ中度污染	280	560	350	1.40
Ⅴ重度污染	400	800	500	2.00

将采集好的土样置于通风、避光、干燥的地方，在室温条件下自然风干，剔除碎石块后进行研磨，分别过 20 目和 100 目筛用于分析测定。土壤 pH 值用电极法测定，重金属含量采用国标法进行样品消解，然后用 ICP-MS 进行测定，最后采用物元分析法对此土壤中 4 种重金属（Cu、Zn、Pb 和 Cd）的污染情况进行评价分析，重金属的测定结果见表 5-12。

表 5-12　研究区域中土壤重金属的含量

采样点	Cu/(mg/kg)	Zn/(mg/kg)	Pb/(mg/kg)	Cd/(mg/kg)
1	25.608	568.946	889.143	0.302
2	7.598	94.210	192.429	0.104
3	13.739	620.956	685.067	1.000
4	36.309	699.105	1049.121	1.168
5	38.674	848.196	738.721	1.980
6	37.803	844.645	850.236	1.887
7	36.197	665.875	1363.227	0.579

5.5.2 建立待判物元矩阵

以监测点 1 为例，建立矩阵为：

$$R_A=\begin{bmatrix} A\text{ 区}, & \text{Cu}, & 25.608 \\ & \text{Zn}, & 568.946 \\ & \text{Pb}, & 889.143 \\ & \text{Cd}, & 0.302 \end{bmatrix}$$

5.5.3 建立经典域和节域

根据土壤重金属污染的评价标准（表 5-11），建立经典域矩阵为：

$$R_{\mathrm{I}}=\begin{bmatrix} \text{Ⅰ清洁，} & \mathrm{Cu}, & (0,\ 28.37) \\ & \mathrm{Zn}, & (0,\ 83.68) \\ & \mathrm{Pb}, & (0,\ 23.35) \\ & \mathrm{Cd}, & (0,\ 0.12) \end{bmatrix} \quad R_{\mathrm{II}}=\begin{bmatrix} \text{Ⅱ尚清洁，} & \mathrm{Cu}, & (28.37,\ 40.63) \\ & \mathrm{Zn}, & (83.68,\ 116.76) \\ & \mathrm{Pb}, & (23.35,\ 36.09) \\ & \mathrm{Cd}, & (0.12,\ 0.25) \end{bmatrix}$$

$$R_{\mathrm{III}}=\begin{bmatrix} \text{Ⅲ轻度污染，} & \mathrm{Cu}, & (40.63,\ 120) \\ & \mathrm{Zn}, & (116.76,\ 240) \\ & \mathrm{Pb}, & (36.09,\ 150) \\ & \mathrm{Cd}, & (0.25,\ 0.60) \end{bmatrix} \quad R_{\mathrm{IV}}=\begin{bmatrix} \text{Ⅳ中度污染，} & \mathrm{Cu}, & (120,\ 280) \\ & \mathrm{Zn}, & (240,\ 560) \\ & \mathrm{Pb}, & (150,\ 350) \\ & \mathrm{Cd}, & (0.60,\ 1.40) \end{bmatrix}$$

$$R_{\mathrm{V}}=\begin{bmatrix} \text{Ⅴ重度污染，} & \mathrm{Cu}, & (280,\ 400) \\ & \mathrm{Zn}, & (560,\ 800) \\ & \mathrm{Pb}, & (350,\ 500) \\ & \mathrm{Cd}, & (1.40,\ 2.00) \end{bmatrix}$$

节域矩阵为：

$$R_{p}=\begin{bmatrix} \text{评价标准，} & \mathrm{Cu}, & (0,\ 400) \\ & \mathrm{Zn}, & (0,\ 800) \\ & \mathrm{Pb}, & (0,\ 500) \\ & \mathrm{Cd}, & (0,\ 2.00) \end{bmatrix}$$

5.5.4 权重的确定

权重是指某一指标在整体评价中的相对重要程度，不同的权重计算方法，其评价结果会有差异，这将会直接影响评价结果的客观性和准确性。常见的权重计算方法主要有层次分析法、主成分分析法和因子分析（指标污染贡献率）法。而土壤中的重金属不同于其他污染物，不仅影响土壤生态功能，还可危害人体健康，不同重金属毒性不同，其对人类的危害也不同，因此应考虑将毒性系数引入到土壤重金属的评价中。李海龙[25]将加权毒性的物元分析和指标污染贡献率的物元分析两种评价结果做了对比，并指出加权毒性的物元分析法对土壤重金属污染的评价是可靠的、准确的。

本研究引入重金属的毒性响应系数 t_i，客观体现重金属对土壤污染的贡献。本研究中重金属 Cu、Zn、Pb、Cd 的毒性系数[26]分别为 5、1、5、30，权重计算公式为：

$$a_i=\frac{t_i\times\frac{c_i}{s_i}}{\sum_{i=1}^{n}t_i\times\frac{c_i}{s_i}} \tag{5-17}$$

式中，a_i 为评价指标 i 的权重系数；t_i 为评价指标 i 的毒性响应系数；c_i 为评价指标 i 的实测值；s_i 为评价指标 i 对应的当地土壤环境标准值。

根据式（5-17），计算出各评价指标的权重系数，计算结果见表 5-13。

表 5-13　土壤各重金属权重系数计算结果

评价指标	权重系数	评价指标	权重系数
Cu	0.021	Zn	0.156
Pb	0.777	Cd	0.046

注：表中权重系数指采样点 1 中 4 种重金属的权重系数，其他区域权重系数计算方法同理得出。

5.5.5　关于各评价等级的关联度和综合关联度的计算

根据经典域矩阵和节域矩阵以及式（5-17）计算出各评价指标关于各评价等级的关联度，再通过加权平均求出综合关联度（见表 5-14）。

表 5-14　土壤监测点的综合关联度

综合关联度①	1	2	3	4	5	6	7
$K_{\mathrm{I}}(N_o)$	−1.533	−0.359	−1.099	−1.704	−1.257	−1.401	−2.375
$K_{\mathrm{II}}(N_o)$	−1.341	−0.342	−1.110	−1.709	−1.255	−1.402	−2.398
$K_{\mathrm{III}}(N_o)$	−1.733	0.496	−1.178	−1.979	−1.353	−1.552	−2.901
$K_{\mathrm{IV}}(N_o)$	−1.038	−0.687	−1.181	−1.963	−1.349	−1.534	−2.767
$K_{\mathrm{V}}(N_o)$	−2.086	−0.555	−0.991	−3.093	−1.406	−1.792	−4.998

① $K_j(N_o)$ 为待评判对象在各评价等级的综合关联度，$K_j(N_o)=\sum_{i=1}^{n}[a_i\cdot K_j(X_i)]$。式中，$X_i$ 为待评污染物；$K_j(X_i)$ 为待评污染物关于各评价等级的关系度；j 为评价等级；N_o 为待判对象；a_i 为各评价污染物的权重系数，且 $\sum_{i=1}^{n}a_i=1$。

根据综合关联度的计算结果发现，7 个监测点位中 1、3、4、5、6、7 点的关联度整体小于−1，均不符合被评价的级别；监测点 2 的综合关联度均大于−1，根据最大关联度原则，此点处于Ⅲ级别；属于轻度污染。说明该区域土壤受重金属污染较为严重，此评价结果与当地实际情况也较为吻合，而采用潜在生态风险指数法[27]进行重金属污染评价时，其结果见表 5-15。

表 5-15 重金属的生态危害指数及评价结果

监测点	E_r^{Cu}	E_r^{Zn}	E_r^{Pb}	E_r^{Cd}	RI
1	6.796	10.113	252.168	89.350	358.427
2	2.016	1.675	54.574	30.663	88.928
3	3.646	11.037	194.290	295.663	504.637
4	9.636	12.426	297.539	345.301	664.902
5	10.264	15.076	209.507	585.250	820.097
6	10.033	15.013	241.133	557.852	824.031
7	9.606	11.836	386.621	171.226	579.289

根据重金属生态危害程度的划分标准：$E_r^i<40$ 或 $RI<150$ 为生态危害低；$40\leqslant E_r^i\leqslant 80$ 或 $150\leqslant RI<300$ 为生态危害中等；$80\leqslant E_r^i<160$ 为生态危害较重；$160\leqslant E_r^i<320$ 或 $300\leqslant RI<600$ 为生态危害重；$E_r^i\geqslant 320$ 或 $RI\geqslant 600$ 为生态危害严重。从表 5-15 中可以看出该区域中 Pb 和 Cd 的生态危害指数比较大，从物元分析法的结果看，各个重金属元素在各等级的关联度生态危害严重，也显示出 Pb 和 Cd 的污染最严重，此外 RI 值均大于 300，说明多个污染物总的潜在生态危害指数较大，整体生态危害严重。综合以上结果，可以看出物元分析法和潜在生态风险指数法的评价结果基本一致，可以说明此评价结果具有有效性。而且相对于潜在生态风险评价法，物元分析法通过关联度计算更能显示出每个评价指标对研究对象的影响程度。

参考文献

[1] 刘哲民. 宝鸡土壤重金属污染及其防治[J]. 干旱区资源与环境，2005，19(2)：101- 104.

[2] 罗浪，刘明学，董发勤，等. 某多金属矿周围牧区土壤重金属形态及环境风险评测[J]. 农业环境科学学报，2016，35(8)：1523-1531.

[3] Muller G. Index of Geoaccumulation in Sediments of the Rhine River[J]. Geojournal，1969，2：108-118.

[4] 柴世伟，温琰茂，张亚雷，等. 地积累指数法在土壤重金属污染评价中的应用[J]. 同济大学学报，006，34(12)：1658-1662.

[5] Sutherland R A. Bed Sediment-Associated Trace Metals in an Urban Stream，Oahu，Hawaii[J]. Environmental Geology，2000，39：611-627.

[6] 李娟娟，马金涛，楚秀娟，等. 应用地积累指数法和富集因子法对铜矿区土壤重金属污染的安全评价[J]. 中国安全科学学报，2006，16(12)：135-139.

[7] Tomlinson D L, Wilson J G, Harris C R, et al. Problems in the Assessment of Heavy-Metal Levels in Estuaries and the Formation of a Pollution Index[J]. Helgoländer Meeresunters, 1980, 33: 566-575.

[8] 王婕，刘桂建，方婷，等. 基于污染负荷指数法评价淮河(安徽段)底泥中重金属污染研究[J]. 中国科学技术大学学报，2013，43(2)：97-103.

[9] Rapant S, Kordik J. An Environmental Risk Assessment Map of the Slovak Republic: Application of Data from Geochemical Adlases[J]. Environmental Geology, 2003, 44 (4): 400-407.

[10] Hakanson L. An Ecological Risk Index for Aquatic Pollution Control: A Sedimentological Approach [J]. Water Research, 1980, 14(8): 975-1001.

[11] 蔡文. 物元模型及其应用[M]. 北京:科学技术文献出版社，1998：30-278.

[12] 徐笠，常江，杜艳，等. 应用物元分析法评价安徽省土壤重金属污染现状[J]. 土壤，2009，41(6)：875-879.

[13] 王作雷，蔡国梁，李玉秀，等. 土壤重金属污染的非线性可拓综合评价[J]. 土壤，2004，36(2)：151-156.

[14] Zadeh L A. Fuzzy Sets[J]. Information and Control, 1965, 8: 338-353.

[15] 窦磊，周永章，王旭日，等. 针对土壤重金属污染评价的模糊数学模型的改进及应用[J]. 土壤通报，2007，38(1)：101-105.

[16] Wind Y, Saaty T L. Marketing Applications of the Analytic Hierarchy Process [J]. Management Science,1980, 26(7): 641-745.

[17] 李雪梅，王祖伟，汤显强. 重金属污染因子权重的确定及其在土壤环境质量评价中的应用[J]. 农业环境科学学报，2008，26(6)：2281-2286.

[18] 左军. 层次分析法中判断矩阵的间接给出法[J]. 系统工程，1988，6(6)：56-62.

[19] 孟宪林，郭威. 改进层次分析法在土壤重金属污染评价中的应用[J]. 环境保护科学，2001，29：34-36.

[20] 赵克勤. 集对分析及其初步应用[M]. 杭州:浙江科学技术出版社，2000.

[21] 葛康，汪明武，陈光怡. 基于集对分析与三角模糊数耦合的土壤重金属污染评价模型[J]. 土壤，2011，43(2)：216-220.

[22] 李玉梅，李海鹏，张连科，等. 包头某铝厂周边土壤重金属污染及健康风险评价[J]. 中国环境监测，2017，33(1)：88-96.

[23] 王芬，彭国照，蒋锦刚，等. 基于双层神经网络与GIS可视化的土壤重金属污染评价[J]. 农业工程学报，2010，6(4)：162-168.

[24] 广西环境保护科研所. 广西壮族自治区土壤环境背景值图集[M]. 成都:成都地图出版社，1992，72-104.

[25] 李海龙. 基于物元分析法的矿区生态健康评价[D]. 泰安:山东农业大学，2010：26-68.

[26] 吕文英，汪玉娟，刘国光. 北江底泥中重金属污染特征及生态危害评价[J]. 中国环境监测，2009，25(3)：70-72.

[27] 王斌，张震. 天津近郊农田土壤重金属污染特征及潜在生态风险评价[J]. 中国环境监测，2012，28(3)：23-26.

第6章 农田土壤重金属来源解析

土壤中重金属的来源主要有自然因素和人为因素两种途径。在自然因素中，成土母质和成土过程对土壤重金属含量的影响很大。人为因素主要为工业、农业和交通等来源引起的土壤重金属污染，而现代人类的多种生产活动是重金属污染物进入土壤的最重要原因。

6.1 土壤重金属来源途径

世界各地都存在不同程度的农田土壤重金属污染现象，主要集中在 Pb、Cd、Hg、As 等。日本、印度尼西亚受重金属镉、铜和锌污染；北希腊和阿尔及利亚受 Cd、Cu 和 Pb 污染；澳大利亚受 Cd、Pb、Cr、Cu 和 Zn 污染。我国农田土壤重金属污染主要以 Pb-Cd-Zn 复合污染为主，从污染分布区域看，南方土壤污染程度重于北方，其中西南、中南地区土壤重金属超标范围大，湖南、广西较为突出。

土壤重金属污染主要受人类活动的影响，其来源可归纳为污水灌溉、大气沉降、农药化肥、固体废物堆放及处置等。

6.1.1 污水灌溉

污水灌溉现已有近百年历史，美国、以色列等国家污水灌溉技术比较成熟。然而长期的污水灌溉也会导致土壤污染加重，农产品重金属含量超标。Nogueirol 等[1]对用熟化污水多年农灌后的表层土壤及农作物进行采样分析，发现土壤及农作物中重金属 Cu 和 Zn 的含量显著增加。Muchuweti 等[2]通过采样分析污水灌溉区土壤和植物（铁杉、豆科植物、玉米、胡椒和甘蔗）中重金属 Cu、Zn、Pb、Cd 的含量，发现铁杉中重金属含量远远超过标准值，其他植物中含量同样很高。Yassine 等[3]研究城市污水灌溉 15 年对突尼斯石灰性土壤微生物生物量、粪便污染指标和重金属的影响，发现土壤重金属含量明显增加。Wieczorek 等[4]开展城市污水长期施用于农田土壤对黑麦草中重金属含量以及产量的影响实验研究，结果发现黑麦草中 Cd 含量超过动物饲料的标准值。Christou 等[5]对塞浦路斯长期采用污水灌溉的黑麦草和橘子园区进行采样分析，发现不仅土壤中重金属含量高，且黑麦草和橘子中也存在一定积累。Khan 等[6]对巴基斯坦吉尔吉特北部一土壤-蔬菜系统进行重金属富集特征研究，发现该土壤 Cd、Pb 含量已经超过该地标准值，且 Cd 的植物转移系数最高。Massas[7]对距希腊雅典 25km 的 Elefsina 和 Aspropyrgos 两座小镇平原地区的重金属有效态进行研究，发现存在土壤污染已经有很长历史。Sow[8]研究发现马来西亚的吉兰丹水稻田中重金属 Pb 和 Cd 对土壤环境存在较大的潜在风险。

在我国，污水灌溉始于 20 世纪 50 年代至 60 年代初，研究表明，使用一级污水回用于城市绿化灌溉还没有造成严重土壤污染。然而工业废水和城市生活污水在农业灌溉用水日益紧张的情况下已经成为农业用水的绝对替补，在局部地区已经成为主流，甚至有些污水未经处理就被直接利用，从而造成农田土壤和农作物的重金属累积，污染问题严重。我国典型的污灌区有沈阳张士、北京东郊和东南郊、北京凉风河、天津武宝宁灌区、西安灌区、宋三灌区等，各污灌区土壤中均存在 Cu、Zn、Pb 和 Cd 等重金属不同程度的污染现象，有些灌区农田因为土壤污染严重，已经不能作为耕地利用。我国北方某污水灌区为全国最大的石油污水灌区，已经采用以生物修复为主的技术路线，开始了石油污水灌区污染土壤修复工作。污灌水质对土壤环境影响明显，高吉喜等[9]研究表明，利用工业废水进行灌溉的稻田，土壤环境质量明显低于利用城市生活污水和河水进行灌溉的区域。重金属含量一般在亚黏土中最高，亚砂土中次之，粉砂中含量最低，污灌区表层的亚黏土是重金属的主要富集区，当 $pH>7.5$ 时，重金属主要以氧化物结合态及残留态存在，导致毒性降低。黄治平[10]采集分析了河北省京安猪场周边农田的清洁区和灌溉 8 年猪场废水的污灌区表层土壤，表明猪场废水是土壤中 Cd 和 As 主要污染来源。王建玲等[11]对河南新乡长期灌溉电池废水的麦田土壤采样分析，发现土壤中 Cd、Ni、Zn 和 Cu 含量分别是国家二级标准的 209 倍、35 倍、12 倍和 3 倍，在全国污灌区中比较罕见。林初夏等[12]调查发现，大宝山外排酸性矿水作为灌溉水导致周边土壤中 Zn、Cu 和 Cd 严重超标。马祥爱等[13]对孝义市长期进行污水灌溉的土壤进行采样分析，发现土壤中 Ni、Pb 和 Cr 3 种重金属含量明显增加。廖金凤[14]通过调查电镀废水作为农灌水对平洲地区土壤的影响，发现电镀废水污灌引起 Cu、Zn、Cr、Ni 等重金属积累在土耕作层。

6.1.2 大气沉降

大气中的重金属主要来源于能源燃烧、交通运输、金属冶炼等生产活动。大气中重金属通过沉降效应进入农业土壤中，也是土壤中重金属污染的重要方式之一。影响大气沉降量和沉降速率的因素主要有排放源、距离排放源的距离及采样点的气象条件（盛行风向、风频率等）等。近年来，大量研究表明大气沉降是农田生态系统重金属元素的重要来源。在能源、运输、冶金等生产活动过程中产生的气体和粉尘含有的重金属，除汞外基本以气溶胶形式进入大气，经自然沉降和降水进入土壤，其污染程度与重工业发达程度、城市人口密度、土地利用率、交通发达程度有直接关系。

电厂、矿山开采、重金属冶炼、焚烧厂等工矿企业产生的大气污染也是农田土壤重金属的重要来源。曹雪莹等[15]以中南地区某大型有色金属冶炼厂周边耕地为对象，通过采样分析发现 Cd、Pb 和 Zn 主要来源于冶炼厂的降尘污染。Hang 等[16]对常熟市某电镀厂附近旱地土壤重金属的研究结果表明土壤出现了 Zn 和 Ni 的复合污染，并随距离增加污染逐渐减轻，且 Zn 污染呈逐年加剧趋势。杨贺等[17]以广西环江县福龙村农田为研究对象，研究结果表明大气干湿沉降、背景土壤、灌溉水、化肥等方式对耕层土壤铅的贡献率分别为 37.5%、43.8%、12.4%、6.35%。Alphen [18]测定了澳大利亚皮里港周围铅锌矿区大气降尘中重金属 Pb、Zn、Fe、Cu、As 和 Cd 的沉降量，分别为 18.80mg/(m^2 · d)、22.20mg/(m^2 · d)、12.20mg/(m^2 · d)、0.61mg/(m^2 · d)、0.40mg/(m^2 · d) 和 0.05mg/(m^2 · d)。章明奎等[19]的研究表明，铅锌矿区大气沉降对农田大白菜中重金属含量累积具有直接作用。垃圾焚烧技术凭借高温无害化、减容和减重的优点，在我国得到迅速的推广和应用，但是焚烧厂烟气中的重金属的环境毒性及其健康危害将带来二次污染问题。杨杰等[20]对某典型的焚烧厂周围土壤进行了运行前后重金属的采样分析，发现医疗废物焚烧厂是该区域土壤中重金属的重要污染源之一。

城市中的交通工具对重金属污染的贡献主要体现为汽车尾气中的各种有毒

有害物质通过大气沉降造成对土壤的污染，以及事故排放所造成的污染。陈维新等[21]于 1990 年对沈阳东郊沈抚公路两侧土壤的铅含量进行了研究；汪新生等[22]以西安—宝鸡公路为对象，建立了公路两侧铅污染的预测模型。马建华等[23-25]以陇海铁路郑州—圃田段为例探讨铁路交通对土壤重金属污染的影响，结果表明铁路南侧农田土壤中 Ni、Pb、Cd、Cr、Cu 和 Zn 6 种重金属出现了不同程度的富集；以连霍高速郑商段为研究对象，结果表明 Cu、Pb 和 Cd 是典型的交通源重金属；以郑汴公路为研究对象，结果表明交通对两侧土壤环境的影响范围超过 300m，Cd、Cr 和 Pb 是最主要的公路源污染元素。目前，随着无铅汽油的推广使用，交通工具尾气中的重金属等污染物有所减少，但是由于交通工具数量的急剧增加，汽车等交通尾气排放总量明显增加，污染物随之增加。

6.1.3　农药化肥

新中国成立后至 20 世纪 70 年代，我国主要使用砷酸铅、汞制剂等无机类农药，时间长，用量大，因其性质稳定，残效期长，在环境中难以降解，造成许多地区土壤重金属含量超标。除此之外，近年来我国畜禽养殖业快速发展，普遍饲喂饲料，饲料中大量添加的微量元素所含的重金属未被畜禽吸收而排出体外，此类农家粪肥又造成土壤的污染。张民和龚子同[26]的研究结果表明，我国无论是在香港还是在内地，农业活动对土壤重金属含量都起着相当重要的影响。随着耕种历史的延长，表层土壤的 Zn、Cu 和 Pb 含量呈增加趋势，大量施用 Cu、Zn 甚至 Cd 等重金属含量很高的有机肥，也是造成农田土壤污染的一个重要原因。在我国北方的某石油污水灌区，也发现大量重金属超标现象，其原因主要是化肥及有机肥中重金属元素超标。叶必雄等[27]的研究结果显示鸡粪和猪粪农用区 Cd 和 As 等污染较严重；王飞等[28]发现华北地区畜禽粪便有机肥中 Pb 超标率高达 80.56%。

欧洲的相关报道指出，有机肥、化肥和农药的大量使用，是土壤中 Cu、Zn 污染的主要途径。其他农业生产活动，如施用石灰、有机废物和污泥等也会增加土壤镉等重金属的输入量。国外研究者曾有报道，磷肥中含有 Cd，施用到土壤中势必会导致土壤中 Cd 含量的增加[29,30]。Jalloh 等[31]研究不同氮肥类型对 Cd 的累积效应，发现硝态氮和铵态氮在水稻各组织中分别具有最高和最低 Cd 含量。Atafar 等[32]研究发现施肥可显著增加土壤中 Cd 和 Pb 的含量。Mortvedt 等[33]研究表明，磷肥中镉的植物有效性与磷酸氢镉或其混合物的植物有效性相似。镉通过施用化肥向土壤输入的速率具有地区差异性，而这种差异性取决于区域地理位置和磷肥的生产技术及其施用量。Taylor 等[29]跟踪监测了新西兰某一个地块的土壤样品，结果显示磷肥使土壤 Cd 含量从 0.39mg/kg 上升至 0.85mg/kg。

6.1.4 固体废物

1949 年全国废渣产生量只有 1140 万吨，而 2001 年全国工业固体废物产生量达到 8.9 亿吨，比 1949 年增加了 77 倍。固体废物在陆地环境中的堆积以及不合理处置，将导致重金属污染物以辐射状、漏洞状向周围土壤、水体扩散，直接引起周边土壤中污染物的积累，进而引起动植物等生物体内污染物的积累。固体废物主要来自采掘业、化学原料及化学制品、黑色冶金及化工、非金属矿物加工、电力煤气生产、有色金属冶炼、IT 产品制造业、垃圾填埋场等。

有色金属开采、选矿过程中产生的废石、废渣、废弃矿渣的风化和淋洗都可能导致各种重金属元素的释放、迁移，进而致使其在矿区及周围土壤中累积。土壤中重金属的积累主要在 0～20cm 的表层，潘根兴等[34]、宋玉芳等[35]发现，每 $1m^2$ 耕作层（20cm 深）内 Cd 的库存量为 0.3～1.5kg，占全剖面（1 m 深）Cd 总库存的 50%左右。Sipter 等[36]以一家废弃的铅锌矿厂周围的菜地作为研究对象，发现蔬菜含有一定量的重金属，而蔬菜的摄入对人体健康的影响，也进一步表明土壤污染问题的复杂性和严重性。土壤中重金属含量升高是矿区土壤受污染最明显的标志。例如英国 Shipham 废弃矿区土壤中 Cd 含量达 2～360mg/kg，Pb 含量达 108～6540mg/kg，Zn 含量达 250～37200mg/kg；而在美国 Montana 的 Zn 矿附近土壤中 Cd 含量达到 750mg/kg。因此，不可忽略重金属的富集现象对农田土壤的影响。广西环江县因环江河上游矿区尾矿库坍塌导致沿江农田遭受 Pb 和 Cd 严重污染。杨阳等[37]通过对义马市工业废渣堆积场的研究发现，堆场土壤中 Cr、Zn、Pb、Cu 4 种重金属高于当地背景值 1 倍以上。

中国是 IT 产业名副其实的世界工厂，世界上一半左右的电脑、手机和数码相机产于中国，重金属排放因而备受关注。特别是与 IT 产品相关的电池行业和与印刷电路板制造相关的电镀行业，重金属污染问题更应该高度重视。印刷电路板主要涉及铜、镍和铬等污染，电池和电源则多涉及铅污染。Fujimori 等[38]对菲律宾马尼拉某电子废品回收站周围的土壤进行调查，发现 Pb、Cu 和 Zn 处于轻污染程度。我国浙江台州温岭、汕头贵屿、广东清远龙塘等地的电子垃圾拆卸场周围的土壤出现严重的重金属污染。陈海棠等[39]选取某典型电子固体废物拆解作坊集中村落为研究对象，结果表明研究区域内电子废物拆解作坊房前屋后的农田土壤受到了不同程度的重金属污染，其中农田土壤中 Cu、Pb、Ni 和 Zn 的污染主要来自电子固体废物焚烧排放的烟尘大气沉降，Cd 和 Hg 主要来自电子固体废物酸洗废水径流及电子固体废物长期堆放淋溶。

另外，垃圾填埋场、废品回收站等也会直接或间接地向土壤释放重金属。Barbieri 等[40]对位于罗马 Malagrotta 的垃圾填埋场周围的土壤采样分析，发现该地区已经受到 Cu、Zn、Pb 和 Cd 等重金属的污染。包丹丹等[41]分析了苏北地区某市城郊垃圾堆放区周边农田土壤，发现距垃圾场 150m 范围内的土壤中 Hg、As、Pb、Cr 和 Cd 等重金属含量明显增加。

6.2　土壤重金属污染源解析方法

在自然和人为输入的影响下，土壤重金属的来源复杂。国内外学者采用多元统计、地统计及空间分析等方法对土壤重金属来源进行研究。其中，多元统计方法可定性区分自然和人为来源；地统计学技术可直观地判断重金属分布成因。目前，区别土壤重金属污染来源的方法主要包括对重金属进行化学形态分析、剖面分布、多元统计、空间分析和同位素示踪等。

6.2.1　重金属化学形态分析

重金属形态的概念早在 1958 年就已提出，但国内外学者有不同解释。Stumm 和 Brauner[42]提出化学形态是指在特定的环境中某一种元素实际存在的分子或离子形式。汤鸿霄[43]认为化学形态可归纳为价态、化合态、结合态和结构态。而重金属形态分析是指测定与表征重金属元素在环境中实际存在的物理和化学形态的过程。通过元素的化学形态分析，可研究判别土壤中重金属污染物的来源是自然还是人类活动。重金属各形态的相对分布与重金属总量有关。Ma 等[44]发现 Cd、Cu、Pb、Ni 等重金属元素各形态分布与其总量有关。目前，根据 Tessier[45]的方法可以将土壤中重金属的形态划分为可交换态、碳酸盐结合态、铁锰氧化物结合态、有机硫化物结合态和残渣态。卢瑛[46]研究南京市不同城区表层土壤中 Fe 等重金属的化学形态时发现，人为输入的重金属不但增加了土壤中重金属的含量，还改变了其化学形态分布。Teutsch 等[47]对以色列一条主要公路旁的土壤中的 Pb 进行连续提取后发现，自然来源的 Pb 主要以铝硅酸盐和铁氧化物结合态存在，碳酸盐结合态和有机物结合态含量较少，而人为污染源的 Pb 同它相反。Bolan 等[48]研究铜的分布和生物利用度，结果表明：以外源 $CuSO_4$ 加入土壤时，水溶态和交换态铜含量显著增加；以外源 CuO 加入土壤时，氧化物结合态铜含量显著增加；以含重金属铜的污泥形式加入土壤时，有机物结合态铜的含量显著增加。

6.2.2 重金属元素剖面分析

在土壤剖面中，外源重金属都富集在土壤表层，比较难向下迁移。因此，利用浅、深两层土壤元素含量关系，可以为土壤元素异常成因判别提供重要的证据。如王祖伟等[49]利用土壤 A 层和 C 层中微量元素的比值来消除土壤质地的影响，从而讨论人为活动对土壤污染的影响。Blaser 等[50]按土壤发生层次采集了瑞士森林的不同土壤，通过计算元素的富集系数来区别导致土壤表层元素含量异常是因为人为污染还是自然来源。

6.2.3 多元统计法

多元统计法能够有效地确定数据分布中的共同模型，并且能够使初始数据中变量的个数减少，使解释数据更加容易。常见的多元统计分析有相关性分析、主成分分析、因子分析、聚类分析等。聚类分析又称群分析，能够将样品进行分类，这里的“类”也可以解释为相似元素的集合。主成分分析是将多个指标转化为少数几个综合指标的一种统计分析方法。因子分析作为主成分分析的延伸和发展，使多个变量转化为少数几个因子，可以让原始变量与因子之间的相关关系再现。相关性分析能够分析两个或多个具有相关性的变量元素，可以衡量两个或多个变量因素间的相关密切程度。运用多元统计法进行元素的分布规律及组合特征的研究，可对异常成因的解释推断起到重大作用，并且能够区分自然源和人为污染源。

王学松等[51]通过因子分析和聚类分析将徐州城市表层土壤样品的 30 种元素分为 4 类：自然因子、燃煤因子、交通因子和混合源。史贵涛等[52]运用相关性分析和主成分分析，推测工业和交通污染是公园土壤和灰尘中重金属的来源。陈志凡等[53]用因子分析发现引黄灌区土壤中 Pb、Cu 和 Zn 的来源和迁移特性相似，而 Cd 有特殊的来源和迁移特性，可能与农业活动有关，比如化肥施用等。Mico等[54]研究了欧洲Mediterranean地区的农业土壤重金属来源，运用多元统计法分析后，结果显示Co、Cr、Mn、Fe、Ni和Zn来源于土壤母质层，而Cu、Cd和Pb来源于人为污染。Franco-Uría等[55]运用主成分分析和聚类分析研究了西班牙加利西亚牧场土壤，发现Mn、Fe、Cu、Cr、Co、Ni来源于自然界，Cd、Pb和Zn来源于人为活动。

6.2.4　Pb同位素示踪法

Pb在自然界中存在四种稳定的同位素，分别为^{204}Pb、^{206}Pb、^{207}Pb和^{208}Pb，这其中只有^{204}Pb在Pb同位素中是非放射线性的，并且丰度最少，其值稳定在1.4%，剩余三种^{206}Pb、^{207}Pb、^{208}Pb则是^{238}U、^{235}U、^{232}Th分别衰变的终产物，它们的丰度会强烈地变化，丰度大小由形成的矿石决定。

铅同位素在自然体系中，因为其质量大，相对质量差在同位素间较小，和轻同位素（如H、S、O、C等）不同，所以在次生过程中，即使受到所在系统的生物、*Eh*、压力、pH值和温度等作用也不易发生改变。放射性铀、钍衰变反应以及源区初始的铅含量是铅同位素组成的影响因素，而形成后所处的地球化学环境基本对其没有影响，这样铅同位素就具备了特殊的“指纹”特征。

由于现有不同环境介质的形成环境、成因机制、物质来源及形成时间不一，铅同位素标记特征也就各不相同，目前土壤中重金属的溯源，一般用这四种铅同位素比值（$^{206}Pb/^{207}Pb$，$^{208}Pb/^{204}Pb$，$^{207}Pb/^{204}Pb$和$^{206}Pb/^{204}Pb$）进行综合讨论得出。

人类长期使用铅和自然过程释放造成了目前环境中的铅污染，人体健康由于土壤表层中铅影响食物品质和环境健康而受到了危害。主要的人为铅来源有废物焚烧、煤燃烧、采矿冶炼、电池加工等，其全球性扩散是由于使用Pb作为抗爆添加剂添加到汽油中。从以上可以归纳出含铅汽油、燃煤飞灰和工业排放是铅的主要来源，1.06～1.08、1.14～1.22、1.14～1.18分别是$^{206}Pb/^{207}Pb$在这三种污染源的大致范围。相关研究报道罗列了大量冶炼、煤、汽油和焚烧废弃物中的$^{206}Pb/^{207}Pb$比值。通过这些铅同位素比值和研究区土壤中存在的各种物源物质中的铅同位素比值进行对比，可以分析土壤样品主要的污染来源[56]。

矿床学和岩石学是铅同位素示踪技术主要应用的两大传统地学领域，而土壤铅同位素示踪的相关研究起步较晚。土壤具有纵向和横向分布存在明显差异、各端元物质贡献不稳定、不均一的铅同位素组成和端元物质具有复杂的来源等特点。Pb 同位素在土壤重金属污染源解析中的应用主要有几个方面。

(1) 污染源示踪　Meharg 等[57]发现苏格兰 St Kilda 可耕地土壤的 Pb 和 Zn 含量比非耕地高，并且通过铅同位素示踪和分析人类及动物的废弃物（主要是泥炭和鸟类尸体），结果发现 Pb 和 Zn 污染来自泥炭和草皮灰，而鸟类尸体是 Zn 的污染来源。Fernandez 等[58]通过对相邻两块耕地和草地的人为铅的分布进行研究，结果发现尽管相邻两块地确保在大气铅沉积物上具有可比性，但是铅同位素组成明确表明耕地还受到未知铅来源的影响。Zhang 等[59]通过测定扬子江的土壤中铅浓度和铅同位素的组成，结果发现内源铅同位素的比值狭窄并随母质变化，而外源铅的同位素比值有相当宽的范围，并随人为源变化。根据同位素比值和多元素方法得到煤燃烧可能是扬子江区域土壤中外源铅最重要的人为来源。Miller 等[60]通过测定里约 Pilcomayo 流域上的冲积沉积物以及土壤中$^{206}Pb/^{207}Pb$ 和$^{206}Pb/^{208}Pb$ 的比值，结果发现四个 Pb 的主要来源，其中有两个是明显来源，分别是 Potosí 的采矿和铣削操作，还有两个来源是中生代和奥陶纪的岩石。Lee 等[61]通过研究我国香港的市区、郊区和乡下公园土壤 Pb 同位素组成，结果发现车辆排放的铅是人为铅的主要来源，并且随着土壤中铅浓度的升高，$^{206}Pb/^{207}Pb$ 和$^{208}Pb/^{207}Pb$ 的比值下降。Bove 等[62]通过对意大利 Agro Aversano 的土壤和水体中铅同位素的研究，结果发现淋溶土样和那些源于人类活动处的土样铅同位素比值高度相似，并且在土壤剖面中$^{206}Pb/^{207}Pb$ 和$^{208}Pb/^{207}Pb$ 的比值从上到下有明显的变化，在土壤表层比值低，随着深度的增加比值也相应增加。这是因为土壤受到人为铅的污染，导致比值降低。Grezzi 等[63]通过铅同位素分析土壤和地下水铅同位素组成来探究人类活动对 Domizio-Flegreo Littoral 环境的影响，结果发现在郊区农村的土壤中铅同位素组成和自然中母质材料相似，在城市化地区（Giugliano）的表层土壤中铅同位素组成绝大多数受到机动车辆等人为铅源的影响。

(2) 污染源比例的确定　Li 等[64]研究了上海市从城市到乡村梯度上 14 个公园土壤中的 Pb 污染和来源分布，并测定铅同位素比值，结果发现煤燃烧排放是人为铅的主要来源，占了 47%，同时，含铅汽油的排放占了 12%，并且指出为了减少铅污染，上海市能源结构应当转向清洁能源。

(3) 污染物历史来源的追溯　Zhang 等[65]用铅同位素技术对南京城区耕作层的土壤进行研究，发现$^{206}Pb/^{207}Pb$ 值从最底层到最上层逐渐减少，表明长时间的外来 Pb 的混合从大约公元 300 年开始。在比较不同来源的 Pb 矿石的同位素比值后，得出在早期朝代耕作层的 Pb 可能来源于中国南方，而最近几年则来源于中国北方。煤可能也是一个 Pb 污染来源。而汽油铅的来源基本被排除，因为在这个区域使用汽油的历史相对很短。

（4）Pb 污染沉积分析　Bacon 等[66]用铅同位素研究苏格兰高地土壤中的重金属，在土壤表层 $^{206}Pb/^{207}Pb$ 的比值（1.140～1.147）比 20～30cm 深的土壤（1.182～1.190）低。对 20～30cm 深的土壤进行连续萃取和铅同位素分析，发现可萃取部分 $^{206}Pb/^{207}Pb$ 的比值（1.174～1.178）比残渣部分（1.196～1.200）更低，而可萃取部分包含了土壤中 85%含量以上的铅，表明 20～30cm 深的土壤铅污染主要来源于人为活动，并且在汽油铅引入之前，原有的人为铅已经沉积下来了。

（5）污染警示作用　Yang 等[67]用 Pb 和 S 同位素技术对中国西南方废弃的 Zn 冶炼区域的土壤 Pb、Zn 和 Cd 进行研究，发现研究区域的土壤遭受了严重污染，因此在冶炼停止之后，固定金属是阻止其进入食物链的基本措施。

（6）确定污染范围　MacKinnon 等[68]研究美国汽油铅停止使用后的公路灰尘、农田土壤和植被中铅的浓度和同位素组成，结果发现所有样品都是汽油铅和工业铅的二元混合，并且在 2001～2010 年表层土壤和植被中铅的浓度没有降低，同时铅同位素组成并没有发生变化。他们还发现土壤和植被中 Pb 的浓度在路的周围升高，但是铅同位素分析表明汽油铅的增强范围为高速公路 10 m 和支路 3 m 的范围内，超过这个范围汽油铅对铅浓度的贡献不明显。

6.2.5　空间分析

应用 GIS 技术分析异常空间分布与污染源的关系有可能直观地判断出异常的成因。如 Imperato 等[69]对意大利那不勒斯市土壤 Cu、Cr、Pb 和 Zn 的空间分布的研究表明，这些元素高含量的点主要分布于该市的东部，与重工业和石油精炼厂的分布位置一致。张长波等[70]以浙江省某典型重金属污染场地为研究区，采用地统计学软件 GS＋和地理信息系统相结合的方法，对该区表层土壤中 7 种重金属的空间分布特征进行分析，并判定冶炼厂高炉粉尘排放对重金属的贡献明显高于母质等内在因素，是研究区重金属的主要来源。国内对杭嘉湖、珠江三角洲以及其他地区大量的调查资料也表明，某些重金属类污染元素异常与城镇、工业区和农业区等在空间分布上往往具有很好的对应性，由此可以初步判定环境污染是这类异常的主要成因。

6.3 广西金城江区水田土壤重金属空间分布特征及来源解析

6.3.1 材料与方法

6.3.1.1 研究区概况

金城江区位于广西西北部，是河池市唯一的市辖区，经纬度范围为24°22′～24°55′N，107°33′～108°13′E，土地总面积2340km^2，耕地面积231.55km^2。稻谷是该区域主要的粮食作物，年产量为42101t，占粮食总产量的57%。金城江区属于亚热带季风气候，年平均气温20.4℃，年降水量为1470mm，日照充足，气候温和，雨量充沛。金城江区系云贵高原余脉地带，地势自西北向东南倾斜，一般海拔为400～600m，最高海拔为1114m。金城江区主要土壤类型为红壤、石灰土和水稻土。金城江区境内有大小河流32条，主要的河流有龙江、刁江、环江等。金城江区以及上游的南丹县和环江县集中了大量的有色金属矿采选业、有色金属冶炼及压延加工业、化学原料及化学制品制造业、电镀等重金属污染排放企业，给该地区土壤带来了重金属污染，其中南丹县占51.3%，金城江区占24.0%，环江县占14.9%。

6.3.1.2 土壤样品采集与分析

根据金城江区水田的分布，兼顾样点的空间分布和交通条件等因素，在全县随机布设了102个样点，采集0～20cm表层土壤样品。所有样品点尽可能远离受人为活动直接影响地区，如公路、铁路、居民点和工业区等。

每个样点用木铲按照对角线法采集10m×10m内的五个样点的混合样，并用GPS确定土壤样点的地理位置。去除石块植物根系和凋落物，混合均匀后，用四分法保留大约1kg土样。所有土壤样品自然风干后过2mm的筛子，部分样品过100目筛后储存于样品袋待测。土壤pH值用电极法测定，水土比为2.5∶1。土壤样品经消解处理后，用ICP-MS测定重金属含量。

6.3.2 结果与分析

6.3.2.1 水田土壤重金属污染评价

广西金城江区水田土壤重金属含量特征见表6-1，结果表明金城江区水田土壤 pH 值在 4.47～8.00 之间，在 102 个土壤样品中，有 13 个点位呈现微碱性，其余点位 pH 值均呈中性或酸性，变异系数为 15.04%，总体呈微酸性。8 种重金属含量的大小顺序为：Zn ＞ Pb ＞ Cr ＞ Cu ＞ Ni ＞ As ＞ Cd ＞ Hg。与当地背景值相比，Cd、Pb、Hg、Zn、Cu、As 这 6 种元素的平均含量均高于自然背景水平，分别是广西土壤背景值的 5.81 倍、3.10 倍、2.30 倍、2.05 倍、1.10 倍和 1.10 倍，呈现高累积状况；同时 Cd、Pb、Hg、Zn、As 这 5 种重金属的数学统计结果中变异系数、偏度和峰度均偏大，表示变化幅度大，表明这些元素可能受人类活动强烈干预的影响，导致局部微量元素含量增高，增大了含量分布的空间差异。

表 6-1　广西金城江区水田土壤重金属含量特征

项目	含量 /(mg/kg)			相对偏差 /%	变异系数 /%	斜度	锋度	K-S 检验	背景值 /(mg/kg)
	最小值	最大值	平均值						
pH 值	4.47	8.00	6.17	0.93	15.04	0.598	−0.705	0.064	
Cr	12.22	176.48	67.40	29.12	43.21	1.351	2.337	0.032	82.1
Ni	7.67	56.39	24.91	9.76	39.19	0.772	0.801	0.526	30.3
Cu	10.83	60.81	30.70	10.84	35.31	0.414	−0.095	0.961	27.8
Zn	35.15	1832.13	155.26	239.57	154.31	5.635	33.723	0.000	75.6
As	0.15	425.56	22.52	47.72	211.92	6.802	53.225	0.000	20.5
Cd	0.29	11.37	1.55	1.73	111.69	3.891	17.807	0.000	0.267
Pb	0.39	1669.73	74.28	173.37	233.42	8.103	72.873	0.000	24
Hg	0.05	3.00	0.35	0.38	109.63	4.512	25.818	0.000	0.152

Cd、Hg、Pb、Zn、As 和 Cu 在表层土壤中有不同程度富集。为合理规划农业生产结构，保障土壤资源可持续利用，以国家《土壤环境质量标准》（GB 15618—1995）[1] 二级标准作为耕地土壤质量参比值，采用单因子污染指数和内梅罗综合污染指数法，对 8 种重金属污染现状进行评价，结果见表 6-2。

由表 6-2 可知，以单因子污染指数法得到的 8 种重金属元素污染程度大小为：Cd ＞ Hg ＞ As ＞ Zn ＞ Ni ＞ Cu ＞ Pb ＞ Cr。其中 Cd 超标最为严重，有 97.06%的土壤样本超标，平均超标 4.50 倍，达到中度污染，是金城江区水田土壤的主要污染元素；其次就是 Hg，有 40.20%的土壤样本超标，平均超标

[1] 该项目调查时间在 2018 年 8 月 1 日前，故该项目的污染评价参考《土壤环境质量标准》（GB 15618—1995）。

1.17倍，达到轻微污染水平；其他5种重金属As、Zn、Ni、Cu、Pb的超标率依次为14.71%、6.86%、3.92%、3.92%、2.94%。

表6-2　水田土壤单项污染指数和评价等级

元素	P_i			样品污染指数的分级/%				
	最小值	最大值	平均	$P_i \leqslant 1$	$1 < P_i \leqslant 2$	$2 < P_i \leqslant 3$	$3 < P_i \leqslant 5$	$P_i > 5$
				无污染	轻微污染	轻度污染	中度污染	重度污染
Cr	0.05	0.71	0.25	100	0	0	0	0
Ni	0.19	1.41	0.56	96.08	3.92	0	0	0
Cu	0.11	1.22	0.52	96.08	3.92	0	0	0
Zn	0.15	9.16	0.70	93.14	2.94	0.98	0.98	1.96
As	0.01	14.19	0.84	85.29	7.84	2.94	1.96	1.96
Cd	0.92	35.51	4.50	2.94	18.63	21.57	31.37	25.49
Pb	0.00	6.68	0.28	97.06	0.98	0.98	0.00	0.98
Hg	0.18	10.0	1.17	59.80	29.41	3.92	4.90	1.96

根据表6-3的内梅罗综合污染指数，91.18%的样品的内梅罗综合污染指数大于1，其中28.43%属于轻度污染，26.47%属于中度污染，36.28%属于重污染。金城江区水田土壤重金属的平均内梅罗综合污染指数为3.35，达到重度污染水平。

表6-3　土壤内梅罗综合污染指数和评价等级

P_N			样品内梅罗污染指数的分级/%				
最小值	最大值	平均值	$P_N \leqslant 0.7$ 清洁(安全)	$0.7 < P_N \leqslant 1$ 尚清洁(警戒线)	$1 < P_N \leqslant 2$ 轻度污染	$2 < P_N \leqslant 3$ 中度污染	$P_N > 3$ 重度污染
0.71	25.64	3.35	0.00	8.82	28.43	26.47	36.28

6.3.2.2 土壤重金属污染空间分布

由于土壤是一个不均匀、具有高度空间变异性的混合体，因此采集的土壤样本不能代表整个区域的土壤，只能代表样本点本身的土壤质量状况。利用ArcGIS软件结合Kriging插值法可了解研究区重金属污染和生态风险的空间分布。

Cd是金城江区水田土壤污染最严重和污染面积最广的元素。金城江区全境受到了Cd不同程度的污染，在长老乡和河池市周边出现了重度污染，特别是在长老乡水田土壤Cd含量出现最大值（11.37mg/kg）；此外，除在保平乡、侧岭乡、白土乡的少部分区域表现为轻微污染和轻度污染外，其余大部分区域呈现中度污染。Hg是金城江区水田土壤重金属污染面积第二大的元素，表现出区域性污染特征，从侧岭乡到五圩镇一线东侧呈现出一条明显的污染带，大部分表现为轻微污染，在五圩镇东侧出现轻度和中度污染；此外，在长老乡和九圩镇部分地区出现轻微污染。土壤As的污染主要分布在长老乡、五圩镇和侧岭乡等乡镇部分地区，其中长老乡北部呈现中度、重度污染。土壤Zn和Pb只有在金城江区长老乡等局部地区呈现不同程度污染。Cr、Ni和Cu元素没有出现区域污染情况，总体属于清洁水平。

金城江区水田土壤重金属综合污染情况：全县水田土壤基本上都被重金属污染，只是在不同区域的污染程度不同。除保平乡呈现轻度污染外，其余地区均呈现中度、重度污染。其中，重度污染出现在长老乡和河池市及周边乡镇。不过，由于内梅罗综合污染指数过分突出污染指数最大的污染物对环境质量的影响和作用，即突出污染程度最为严重的重金属，使其对环境质量评价的灵敏性不够高，造成Cd在综合污染指数中占据了很大的比重，并没有完全反映污染特征，在一定程度上增加了重度污染范围。

6.3.2.3　土壤重金属生态风险评价

由表6-4结果所示，金城江区水田土壤Cd的风险等级属于强，Hg属于中等生态风险，其余元素均呈现轻微风险。按照各元素平均E_r^i大小排序为：Cd>Hg>As>Ni>Cu>Pb>Zn>Cr。在102个点位中，Cd仅有9.80%的土样生态风险处于轻微水平，而27.4%的土样处于中等生态风险，39.2%的土样处于强生态风险，18.6%的土样处于很强生态风险，5.88%的土样处于极强生态风险；Hg有60.8%土样处于轻微生态风险，29.4%的土样处于中等生态风险，7.84%的土样处于强生态风险，1.96%的土样处于很强生态风险，0.98%的土样处于极强生态风险；As有96.1%的土样处于轻微生态风险，仅有2.94%的土样处于中等生态风险；而Cr、Ni、Cu、Zn、Pb 5种元素的环境风险指数E_r^i均低于40，其生态风险轻微。

表6-4　潜在生态危害系数及评价等级

元素	E_r^i			潜在生态危害系数的分级/%				
	最小值	最大值	平均值	$E_r^i<40$	$40\leq E_r^i<80$	$80\leq E_r^i<160$	$160\leq E_r^i<320$	$E_r^i\geq320$
				轻微	中等	强	很强	极强
Cr	0.10	1.41	0.50	100	0	0	0	0
Ni	0.96	7.05	2.82	100	0	0	0	0

续表

元素	E_r^i			潜在生态危害系数的分级/%				
	最小值	最大值	平均值	$E_r^i<40$	$40\leqslant E_r^i<80$	$80\leqslant E_r^i<160$	$160\leqslant E_r^i<320$	$E_r^i\geqslant 320$
				轻微	中等	强	很强	极强
Cu	0.54	6.08	2.59	100	0	0	0	0
Zn	0.15	9.16	0.70	100	0	0	0	0
As	0.05	142	8.40	96.1	2.94	0.98	0	0
Cd	27.5	1065	135	9.80	27.4	39.2	18.6	5.88
Pb	0.01	33.4	1.38	100	0	0	0	0
Hg	7.07	400	46.8	60.8	29.4	7.84	1.96	0.98

如表 6-5 所示，在 102 份土样中，仅 48.0%的土样处于轻微生态风险，而 41.2%的土样处于中等生态风险，6.86%的土样处于强生态风险，3.92%的土样处于很强生态风险。全县土壤重金属污染潜在生态风险指数（*RI*）为 198.25，达到“中等”风险水平。其中 Cd 的贡献率达到 69.07%，Hg 的贡献率为 21.77%，Cd 与 Hg 是构成生态风险最主要的污染元素。

表 6-5　潜在生态危害指数及评价等级

RI			潜在生态危害指数的分级/%			
最小值	最大值	均值	$E_r^i<150$	$150\leqslant E_r^i<300$	$300\leqslant E_r^i<600$	$E_r^i\geqslant 600$
			轻微	中等	强	很强
46.14	1240.25	198.25	48.0	41.2	6.86	3.92

“强”生态风险区主要分布在长老乡北部，金城江区一半多的区域呈现“中等”生态风险，除保平乡外其他乡镇基本都有分布。内梅罗综合污染指数法的计算公式中含有评价参数中最大的单项污染分指数，突出高污染重金属对土壤质量的影响，金城江区 Cd 污染最为严重，而在潜在生态风险评价中 Cd 的毒性系数较高，因而潜在生态风险分布和综合污染分布一致。

6.3.2.4　相关性分析和主成分分析

相关性分析和主成分分析能够很好地辨别土壤重金属污染来源[71-73]。由表 6-6 可以看出，Cu、Zn、As、Cd、Pb 和 Cr、Ni、Cu 两组元素均呈现两两极显著正相关关系，表明这些元素存在同源可能。而 Hg 是一个独立元素，与其他元素相关性较低，表明 Hg 的来源与累积具有特殊性。

表 6-6　广西金城江区土壤重金属污染的相关性分析

元素	Cr	Ni	Cu	Zn	As	Cd	Pb	Hg
Cr	1.000	**	**			*		
Ni	0.478**	1.000	**	**	**	**	*	**
Cu	0.347**	0.632**	1.000	**	**	**	**	
Zn	0.043	0.542**	0.466**	1.000	**	**	**	
As	0.056	0.345**	0.414**	0.724**	1.000	**	**	
Cd	0.206*	0.571**	0.538**	0.893**	0.622**	1.000	**	
Pb	0.021	0.221*	0.390**	0.646**	0.941**	0.592**	1.000	
Hg	0.051	0.284**	0.060	0.091	0.149	0.083	0.075	1.000

注：** 表示 $P<0.01$；* 表示 $P<0.05$。

由表 6-7 主成分分析的结果可以看出，金城江区水田重金属含量信息可以归因于三个主成分，并反映了 80.8%的数据信息。第一主成分贡献率为 42.0%，Zn、As、Cd、Pb 具有很高的正载荷；第二主成分贡献率 25.5%，Cr、Ni、Cu 有很高的正载荷；第三主成分贡献率为 13.3%，仅反映了 Hg 含量的分布特征。

表 6-7　金城江区水田土壤重金属主成分分析结果

解释的总方差									
成分	初始特征值			提取平方和载入[①]			旋转平方和载入[②]		
	合计	方差/%	累积/%	合计	方差/%	累积/%	合计	方差/%	累积/%
1(第一主成分)	3.982	49.776	49.776	3.982	49.776	49.776	3.360	42.003	42.003
2(第二主成分)	1.481	18.513	68.289	1.481	18.513	68.289	2.040	25.499	67.502
3(第三主成分)	1.001	12.509	80.797	1.001	12.509	80.797	1.064	13.295	80.797
4	0.663	8.288	89.085						
5	0.498	6.225	95.310						
6	0.253	3.163	98.474						
7	0.086	1.081	99.554						
8	0.036	0.446	100						

成分矩阵				旋转成分矩阵			
元素	成分			元素	成分		
	1	2	3		1	2	3
Cr	0.292	0.747	−0.209	Cr	−0.116	0.820	−0.027
Ni	0.699	0.570	0.077	Ni	0.321	0.803	0.269
Cu	0.702	0.356	−0.195	Cu	0.434	0.685	−0.036
Zn	0.884	−0.200	−0.031	Zn	0.867	0.265	0.042

续表

成分矩阵				旋转成分矩阵			
元素	成分			元素	成分		
	1	2	3		1	2	3
As	0.839	−0.399	0.076	As	0.925	0.051	0.103
Cd	0.882	−0.034	−0.099	Cd	0.783	0.419	0.006
Pb	0.782	−0.472	0.009	Pb	0.913	−0.024	0.017
Hg	0.198	0.219	0.947	Hg	0.050	0.068	0.988

①提取方法：主成分方法；
②因子轴旋转方法：方差最大正交旋转法。

6.3.3 讨论

6.3.3.1 水田土壤总体污染情况

在102个耕地土壤样本中，有100个土壤样本存在超标情况，重金属超标率为98.04%，远远高于全国耕地土壤点位超标率（19.4%）。其中达到中度、重度污染的点位分别为33.33%和26.47%，也远高于全国耕地土壤的1.8%和1.1%；同时，Cd、Hg、As的点位超标率分别比全国土壤相应重金属的超标率（7.0%、1.6%、2.7%）高出90.06%、38.60%、12.01%。另外，金城江区水田土壤的Cd、Hg、As的点位超标率比广西水田土壤的Cd、Hg、As超标率（24.71%、8.70%、3.68%）分别高出72.35%、31.50%和11.03%[74]。因此，Cd、Hg、As是金城江区土壤的主要污染元素。对于Pb、Zn而言，尽管这2种元素的含量是其背景值的2倍以上，但由于国家《土壤环境质量标准》中Pb和Zn的污染限量值分别为250～350mg/kg和200～300mg/kg，其含量仍远低于污染限量值，从而导致其污染指数普遍较低。

6.3.3.2 土壤重金属来源探讨

第一主成分所包含的Zn、As、Cd、Pb可能来源于人类矿业生产活动。由于管理不善和不合理的矿产开发行为，来自选矿场的选矿废水和尾砂未经任何处理而直接排放到河流和小溪中，导致刁江流域和龙江流域污染严重[75,76]。刁江河水中As、Cd、Pb、Zn污染十分严重，在刁江未治理前最大重金属质量浓度分别可达154.82mg/L、2.51mg/L、29.32mg/L、343.66mg/L，分别超标3096倍、502倍、1571倍、343倍[77]。刁江流域重金属污染元素与主成分分析中第一主成分正载荷较高的元素相同。宋书巧等[75]的研究也表明造成刁江沿岸农田污染的主要原因为引刁江水灌溉和汛期洪水淹没农田。吴洋等[78]对下游都安县耕地土壤重金属污染风险进行了评价，结果也得出了一致的结论。因此矿业活动引起的污水灌溉可能是第一主成分的主要来源。

对于第二主成分，自然因素的影响要大于人类活动的影响。Co、Ni、Cr与地质背景有较密切联系[79]。Borůvka等[80]在捷克斯洛伐克东北部山地采集14个样点土样，分析9种重金属元素含量，结果表明，Be、Co、Cr、Cu、Ni、Zn主要来源于自然地质因素，而Cd、Pb、Hg主要来源于人为污染。Cr、Ni、Cu三种元素位于元素周期表中的第一过渡系，它们具有类似的地球化学性质和行为[81]；同时这些元素平均含量与对应元素背景值相当，因此第二主成分所包括的三种元素可能主要来源于成土母质。

而第三主成分仅包含汞，可能来源于大气沉降。金城江区有色金属冶炼行业发达，是河池市废气排放最多的区域。化石燃料的燃烧和金属冶炼行业是Hg排放的主要来源。据报道，中国的Hg排放，38%来自煤燃烧，45%来自有色金属冶炼，17%来自其他方式[82]。与其他重金属元素不同，Hg是一种易迁移且相对稳定的环境污染物，能在大气中保持半年至2年的时间，因此Hg能在远离污染源的土壤中发生累积[83]。先前的一些研究也表明Hg在表层土壤中的累积往往与大气沉降有关。因此工业废气、化石燃料燃烧等是Hg的主要来源。

6.3.3.3　土壤重金属污染的空间分布

总体而言，Cd、As、Zn、Pb的污染分布具有一定的相似性，且与三个主要工矿企业集中分布区是一致的，即大厂-车河矿区周边、五圩镇以及河池市周边。宋书巧等[75]对长老乡农田Cu、Pb、Zn、Cd、As、Sb、Sn、Hg、Cr、Fe进行了典型调查与分析，结果表明受上游矿冶活动的影响，该农田受到了严重的As、Pb、Cd、Zn复合污染，分别为国家土壤环境质量三级标准的500倍、2.72倍、100倍、37.4倍。项萌等[84]调查和分析了河池市的一个铅锑矿冶炼区周边土壤中重金属含量，结果表明：冶炼区周边表层土壤受到较高含量的Pb、Zn污染，As、Cd和Cu有一定程度的污染，其中Zn含量为365～1033mg/kg，Pb含量为259～2261mg/kg，分别是背景值的3.4～29.7倍、1.4～3.9倍。这进一步证明了金城江区第一主成分主要是人类矿业活动影响的反映。第二主成分所关联的元素Cr、Ni、Cu没有形成污染区域，它们的含量基本都低于广西土壤环境质量背景值，这进一步说明Cr、Ni、Cu主要来源于成土母质，属于自然源。Ni和Cu均有3.92%的样点超标，且在第一主成分中也具有较高的载荷，也不排除人类影响的可能性，但与第一主成分所关联的元素相比，无论在影响的空间范围还是影响的程度上都小得多。Hg的污染分布明显不同于其他元素，其污染区与谷地的分布一致，且位于工业区的下风向，这进一步说明Hg污染主要来源于大气沉降。金城江区全年盛行偏东风，偏东风风向出现频率18%，静风频率高达44%，加之谷地地形，大气扩散能力弱，从而导致下风向的谷地迎风坡Hg污染严重[85]。

6.3.4 结论

（1）金城江区水田土壤重金属总体呈现重度污染，主要污染元素是Cd和Hg，其超标率明显高于全国和广西的耕地土壤，表现为中度污染和轻微污染；其次为As、Zn、Pb，表现为局部污染。

（2）金城江区水田土壤的Cd呈现强的生态风险等级，Hg表现为中等生态风险，其余元素均表现为轻微生态风险，总体上表现为中等生态风险；长老乡是金城江区高生态风险集中区。

（3）多重地统计分析表明，Cu、Ni、Cr与地质背景有较密切联系；Zn、As、Cd、Pb主要来源于人类矿业生产活动；而Hg主要与大气沉降有关。

6.4 环江沿岸农田土壤重金属污染与空间变异性分析

6.4.1 材料与方法

6.4.1.1 研究区概况

研究区位于环江毛南族自治县大安乡大环江河畔某一污染区，面积约0.067km^2，地理坐标为108°17′49″～108°18′03″E，24°53′45″～24°53′56″N，属亚热带季风气候。全年气候温和，降水丰富，雨热同期，年平均气温为19.9℃，年平均降雨量为1389.1mm，无霜期290d。土壤为红壤，种植桑、甘蔗、玉米和水稻等。该地区曾受环江污染事故影响，被携带大量细微颗粒状尾砂的洪水所淹没，造成了严重的重金属污染。

6.4.1.2 样品采集与分析

采样按网格布点方式进行，布点网格约为18m×18m。采用对角线采样法采集0～20cm深的土壤混合样品179个（图6-1），同时用GPS记录采样点位坐标。样品采集、保存、处理过程均采用非金属器具和容器，避免造成污染。在样品风干室风干后，土壤样品过 20 目尼龙筛，用于测定土壤 pH 值；取部分样品用玛瑙研钵继续碾至 100 目以下，用于测定土壤重金属全量。用硝酸-高氯酸-氢氟酸对土壤样品进行消解，提取液中 As 采用原子荧光光谱法（北京吉天 AFS-8330）测定，Pb、Cd、Zn 采用电感耦合等离子发射光谱法（Thermo iCAP 6300，USA）测定。

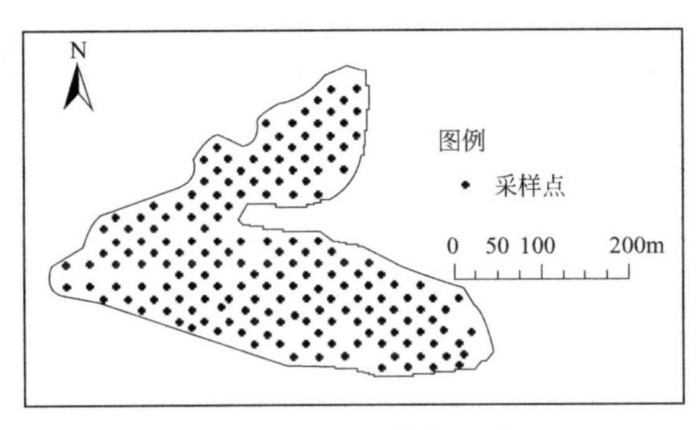

图 6-1 研究区采样点坐标

6.4.2 结果与分析

6.4.2.1 土壤重金属含量统计分析

对研究区 179 个土壤样品分析表明（表 6-8），研究区土壤 pH 值在 3.61～6.42 之间，均值为 4.72，总体呈酸性。四种重金属含量的大小顺序为：Pb ＞ Zn ＞ As ＞ Cd。与河池市土壤背景值[78]相比，Zn、Pb、Cd、As 的平均值均高于背景值，分别是背景值的 2.93 倍、14.28 倍、2.60 倍、2.22 倍，且其极小值也大都高于背景值（As 除外），说明研究区重金属呈现高累积状况。土壤各重金属元素含量空间变异性处于 33.78%～60.86%，属于中等变异性[86]，表现为 Pb＞ Zn ＞ Cd ＞As。值得注意的是，尽管研究范围不到 0.1km^2，但各元素含量变异系数偏大，表明局部变异性增强。四种重金属元素的偏度值均大于 0，说明它们分布的峰均向右倾斜。Zn、Cd、As 的峰度值大于 0，表明这三种元素的分布比正态分布的高峰更加陡峭，为尖顶峰；而 Pb 的峰度值小于 0，表明其分布状态比正态分布的高峰要平缓。采用单样本的科尔莫戈罗夫-斯米尔诺夫检验（Kolmogorov-Smirnov test），样点 Pb、Cd、As 的含量呈正态分布，而 Zn 含量不符合正态分布。对数转化后，Zn 的含量也呈现正态分布。

表 6-8　土壤重金属含量统计特征

项目	极小值/(mg/kg)	极大值/(mg/kg)	均值/(mg/kg)	标准差	变异系数/%	偏度	峰度	K-S 检验	背景值
pH 值	3.61	6.42	4.72	0.56	11.86	0.416	0.478	0.457	—
Zn	57.46	469.93	164.58	76.92	46.74	1.176	1.384	0.001	56.26
Pb	39.20	691.70	251.73	153.21	60.86	0.665	−0.048	0.173	17.63
Cd	0.10	1.04	0.26	0.12	44.89	1.906	9.429	0.141	0.10
As	8.59	54.81	24.95	8.43	33.78	0.444	0.011	0.576	11.26

6.4.2.2 土壤重金属污染评价

依据单因子污染指数法和内梅罗综合污染指数法评价了土壤重金属污染程度，计算结果见表 6-9。从单因子污染指数来看，仅 Pb 的单项污染指数平均值大于 1.00，属于轻度污染，其余元素的污染指数均在 0.70～1.00 之间，总体处于警戒线水平。Zn、Pb、Cd、As 的超标率分别为 24.02%、48.60%、35.76%、17.32%，除 0.56%和 8.94%的样品分别受到了 Zn 和 Pb 的中度污染，0.56%的样品受到了 Cd 的重度污染外，均属于轻度污染。从内梅罗综合污染指数来看，43.57%的样品的内梅罗综合污染指数大于 1，其中轻度污染占 40.22%，中度污染占 2.79%，重度污染占 0.56%。总体而言，该区域内梅罗综合污染指数的平均值为 1.01，处于轻度污染水平。

表 6-9　土壤重金属污染评价结果

项目	污染指数			污染指数的分级/%				
	最小值	最大值	均值	清洁(安全)	尚清洁(警戒线)	轻度污染	中度污染	重度污染
Zn	0.29	2.35	0.82	41.90	34.08	23.46	0.56	0
Pb	0.16	2.77	1.01	35.75	15.64	39.66	8.94	0
Cd	0.32	3.48	0.88	39.11	25.14	35.20	0	0.56
As	0.29	1.83	0.72	57.54	25.14	17.32	0	0
P_N	0.34	3.04	1.01	25.70	30.73	40.22	2.79	0.56

6.4.2.3 土壤重金属的空间变异性分析

空间结构特征可由实验半方差函数的计算和理论半方差函数的拟合加以研究，而这样的空间结构特征在某种意义上反映了该地区土壤重金属元素的空间分布形式与区域分异规律[81]。将符合正态分布的数据导入 GS+7.0 软件，进行半方差函数的拟合计算（图 6-2），并得到各重金属指标拟合的最优半方差函数模型参数（表 6-10）。由此可以看出，Zn 和 Pb 的最优拟合模型为球状模型，Cd 为高斯模型，而 As 为指数模型。各指标决定系数均在 0.8 以上，说明其拟合模型较好，能反映土壤重金属的空间异质性。

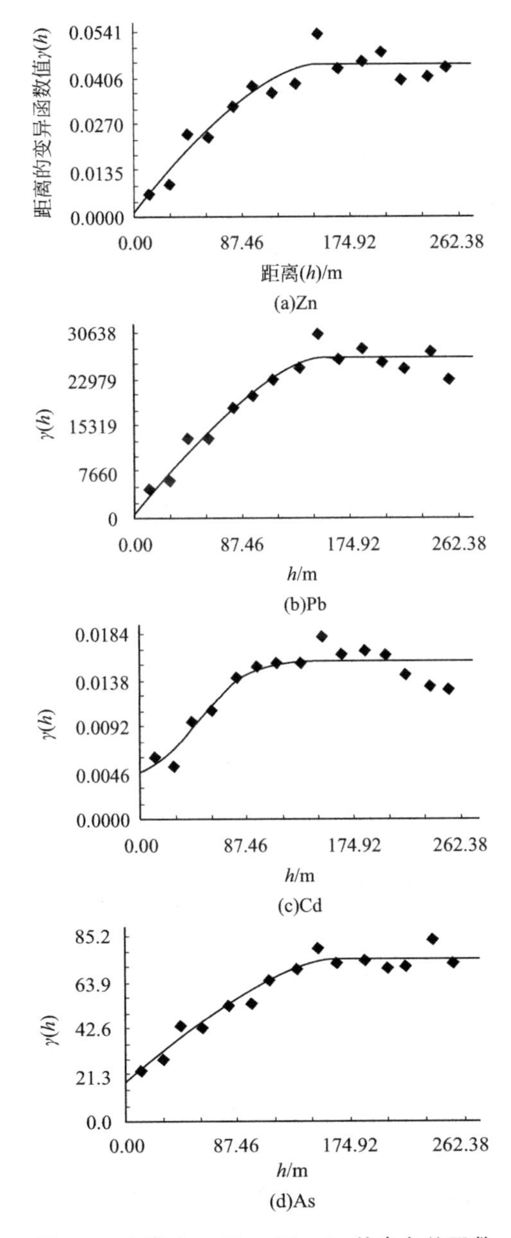

图 6-2　土壤 Zn、Pb、Cd、As 的半方差函数

表 6-10　土壤 Zn、Pb、Cd、As 理论半方差函数拟合参数

元素	理论模型	块金值 (C_0)	基台值 (C_0+C)	块金效应 [$C_0/(C_0+C)$]	变程/m	决定系数 (r^2)
Zn	球状	0.0025	0.0449	0.056	157	0.917
Pb	球状	1220	26360	0.046	162	0.946
Cd	高斯	0.0047	0.0158	0.300	103	0.853
As	指数	18.1	76.4	0.237	177	0.950

块金值与基台值之比，是反映变量空间变异程度的重要指标，也称块金效应，表示随机因素产生的空间变异占总体变异的比例[87]。一般认为，块金效应小于 0.25 表明变量间的空间相关性强烈，空间变异以结构性变异为主；在 0.25～0.75 之间，表明空间相关性中等；大于 0.75 表示空间相关性较弱，变异主要由随机变异组成[88]。所有重金属在坐标原点处均表现出块金效应，Zn、Pb、As 的块金效应均小于 0.25，说明这 3 种重金属空间相关性较强，主要是受结构性变异制约，随机变异带来的影响较小。Cd 的块金效应为 0.300，具有中等程度的相关性，受人为随机因素和结构因素的共同作用，但随机因素引起 Cd 的异质性较小，主要是结构因素引起的。变程表现了空间相关性的作用范围，变程越大说明土壤中该元素的均一性越强[89]。土壤重金属变程处于 103～177m 之间。其中 As 的变程较大，为 177m；而 Cd 的变程较小，为 103m，表明 Cd 在较小的范围变异强度较大。总体而言，4 种重金属的变程相差不大，反映了各变量空间自相关范围具有很大的相似性。

6.4.2.4　土壤重金属空间结构的方向性特征

土壤属性的空间变异通常具有方向性，即由于微地形、植被分布等环境因子的影响，导致土壤性状在不同方向上表现出不同的变异特性[90]。为了进一步探究土壤重金属空间结构的方向性特点，分别计算了 0°（E-W）、45°（EN-WS）、90°（S-N）、145°（ES-WN）方向上的半方差函数，图 6-3 为四个方向上的实际半方差函数曲线，表 6-11 是四个方向上的理论半方差函数模型参数。

由计算结果可以看出，Zn、Pb、Cd、As 在 135°方向上，随步长的增加其半方差值呈明显上升趋势，变异程度加大，说明 135°方向的土壤重金属变异最复杂。同时该方向上长轴最长，短轴最小，各向异性比最大，分别为 4.82、5.03、6.01、3.90，土壤重金属的各向异性特征表现最为明显。该方向的块金值、基台值和变程均与其他方向不同，表现出典型的带状各向异性结构。其次

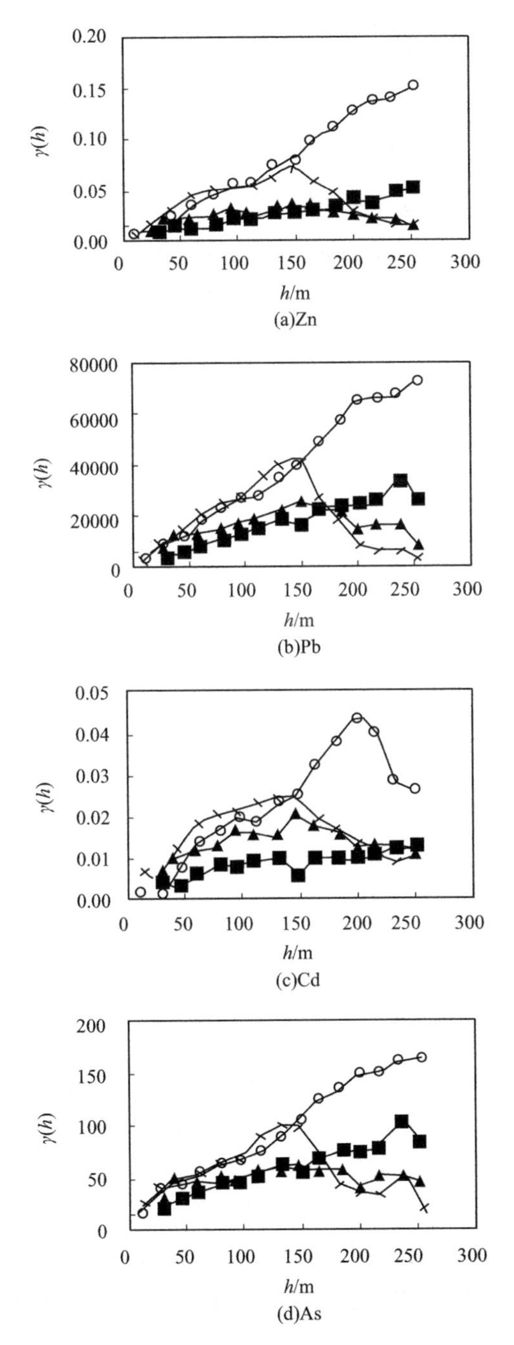

图 6-3　土壤 Zn、Pb、Cd、As 各向异性半方差函数图

—■— 0°　—▲— 45°　—×— 90°　—○— 135°

Zn 和 Cd 在 90°方向，Pb 和 As 在 0°方向上也表现出一定的带状各向异性结构，各向异性比均在 1.05～1.42 之间，但与 135°方向相比，其空间变异程度要小得多，各项同性特征明显。而 Zn 和 Cd 分别在 0°、45°方向上，Pb 和 As 分别在 45°、90°方向上具有相同的块金值、基台值和变程，各向异性比均为 1，说明其空间变异程度较小，表现为各向同性。

表 6-11　土壤 Zn、Pb、Cd、As 各向异性理论半方差函数拟合参数

元素	模型	主轴方向	块金值 (C_0)	基台值 (C_0+C)	块金值/基台值 [$C_0/(C_0+C)$]	主轴变程 (A_1)/m	亚轴变程 (A_2)/m	决定系数 (r^2)	各向异性比 (A_1/A_2)
Zn	指数	0°	0.0060	0.1582	0.038	483	483	0.488	1.00
	指数	45°	0.0060	0.1582	0.038	482	482	0.488	1.00
	指数	90°	0.0090	0.1612	0.056	570	504	0.489	1.13
	高斯	135°	0.0230	0.2042	0.113	1095	227	0.505	4.82
Pb	指数	0°	7077	79659	0.089	539	514	0.500	1.05
	指数	45°	5460	78049	0.070	469	469	0.500	1.00
	指数	90°	5450	78039	0.070	469	469	0.500	1.00
	高斯	135°	14710	103919	0.142	1217	242	0.496	5.03
Cd	指数	0°	0.0061	0.0493	0.124	547	547	0.412	1.00
	指数	45°	0.0061	0.0493	0.124	547	547	0.412	1.00
	指数	90°	0.0067	0.0499	0.134	709	501	0.410	1.42
	球状	135°	0.0087	0.0519	0.168	3266	543	0.399	6.01
As	指数	0°	29.7	194.4	0.153	567	477	0.501	1.19
	指数	45°	26.8	191.5	0.140	476	476	0.501	1.00
	指数	90°	26.8	191.5	0.140	476	476	0.501	1.00
	线状	135°	45.4	214.4	0.212	851	218	0.485	3.90

Zn、Pb、Cd、As 在各方向上的块金效应均小于 0.25，反映了重金属在各方向上都具有强空间相关性，主要受微域地形以及土壤黏粒、有机质、质地等结构性因素的制约。各重金属在 135°方向上的块金效应均明显高于其他方向，这进一步说明该方向上的空间变异明显大于其他方向，同时该方向上土地利用状况、作物种植结构等较复杂，导致其随机性因素较其他方向增强。与各向同性相比，Cd 和 As 在各方向的块金效应明显降低，说明各向异性下 Cd、As 的结构性明显增强；而 Zn 和 Pb 在 135°方向上的块金效应增加，其在该方向上的随机性明显增强。

6.4.2.5　土壤重金属的空间分布

为更直观地了解研究区四种重金属的空间分布规律和变化特征，依据半方差函数的分析结果，采用 ArcGIS 绘制研究区 Zn、Pb、Cd、As 的空间分布图（图 6-4）。结果表明，土壤各重金属含量均呈较明显的西北-东南向渐变性分布规律，含量以西北部较高，而东南部较低。各重金属含量等值线相比而言，Zn 和 Cd 的含量等值线偏东西方向，因此导致其南北方向的变异较大；而 Pb 和 As 的含量等值线偏南北方向，导致其东西方向的变异较大。

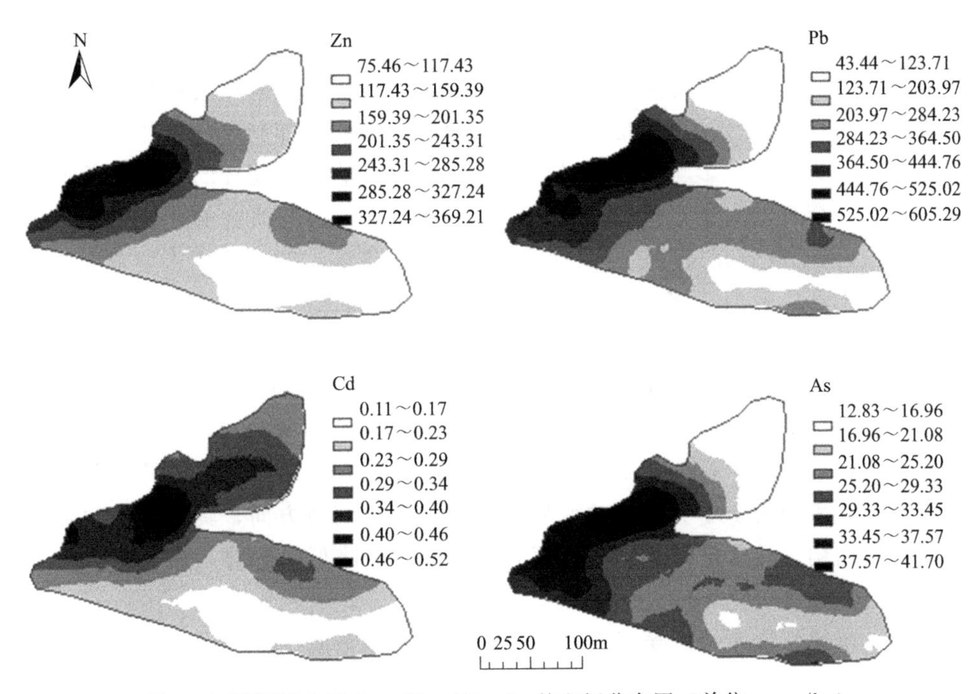

图 6-4　研究区土壤 Zn、Pb、Cd、As 的空间分布图（单位：mg/kg）

6.4.3　讨论与结论

调查表明该地区曾受环江污染事故影响，洪水携带的尾砂沉积在土壤表面带来了重金属污染，本研究重金属含量分析结果表明该区域受到了明显的 Zn、Pb、Cd、As 的复合污染，超标率分别为 24.02%、48.60%、35.76%、17.32%，总体呈轻度污染水平。同时该区域土壤 pH 值在 3.61～6.42 之间，呈强酸性至微酸性，这是由尾砂中含有的大量硫化矿物（黄铁矿和毒砂等）暴露在空气中后，发生氧化反应而产生大量 H^+ 所致的[91]。因此，洪水携带尾砂沉积在土壤表面是造成该区域酸污染和重金属复合污染的主要成因，而重金属的空间分异也受该过程的控制，表现出明显的结构特征。土壤重金属含量是典型的区域化变量，具有结构性和随机性双重特征，结构性因子导致土壤重金属具有较强的空间相关性，而随机性因子可降低其空间相关性[81,92]。洪水淹没农田所造成的污染过程可能更多地受微域地形以及土壤性质等结构性因素的制约，从而使重金属分布表现出较强的结构性变异。研究区四种重金属具有中等变异性，同时也反映了较强的空间相关性。这与受外来人为因素所造成的小尺度空间结构的变异有所不同，小尺度上的农业管理措施（如农药、化肥的施用，污水灌溉等）是变异函数产生块金效应的重要原因，往往表现出一定的随机性变异[93]。相比而言，Cd的块金效应较大，其在空间分布上的相关性与其他重金属相比，表现较弱。这可能是因为受后期随机性因素（如施肥、耕作措施、种植制度等人为活动）影响较大，导致其空间相关性减弱。变程的大小也反映了这一变化。变程的大小不仅与研究的元素种类有关，还与研究的区域尺度大小有关[94]。由于该研究尺度较小，使得随机性因素影响增强，造成土壤重金属在较小尺度上产生强烈变化。Cd在酸性条件下其有效性和迁移性比较大[95]，可能是导致其变程变小的原因。另外，洪水污染过程也会影响土壤重金属空间结构的方向性。研究表明，在污染扩散方向上，重金属的空间相关性往往会增强，变程也会在某一方向上增大或呈现漂移[93]。从本研究结果来看，研究区内这一影响表现较为显著。Zn、Pb、Cd、As各向异性变异都比较强烈，具有明显的主变方向，表现为135°方向上的变异程度明显大于其他方向，具有典型的带状各向异性结构，其含量分布呈现自西北向东南逐渐降低的趋势，而这种分布规律和当地的地势变化一致。

综上所述，该区域已受到了明显的酸污染和重金属Zn、Pb、Cd、As复合污染，总体处于轻度污染水平。土壤各重金属元素含量变异系数处于33.78％～60.86％，具有中等变异性。其中Zn、Pb、As三种元素表现为强空间自相关性，主要受地形、土壤性质等结构性因素制约；而Cd的空间分布受到一定的随机因素干扰，相关性减弱。各项异性下，Zn、Pb、Cd、As含量均具有强空间相关性，并具有明显的主变方向，在135°方向上的各向异性比最大，变异程度最强。各重金属空间分布均表现为明显的自西北向东南渐变规律，其中西北部含量高，东南部含量低。

参考文献

[1] Nogueirol R C, De Melo W J, Bertoncini E I, et al. Concentrations of Cu, Fe, Mn, and Zn in Tropical

Soils Amended with Sewage Sludge and Composted Sewage Sludge[J]. Environmental Monitoring and Assessment, 2013, 185: 2929-2938.

[2] Muchuweti M, Birkett J W, Chinyanga E, et al. Heavy Metal Content of Vegetables Irrigated with Mixtures of Wastewater and Sewage Sludge in Zimbabwe: Implications for Human Health[J]. Agriculture Ecosystems & Environment, 2006, 112(1): 41-48.

[3] Yassine H, Olfa F, Saifeddine E, et al. Effects of 15-Year Application of Municipal Wastewater on Microbial Biomass, Fecal Pollution Indicators, and Heavy Metals in a Tunisian Calcareous Soil[J]. Journal of Soils and Sediments, 2014, 14: 155-163.

[4] Wieczorek J, Gambuś F, Baran A. Heavy Metal Content and Yielding of Italian Ryegrass Cultivated in the Soil Intensively Fertilized with Municipal Sewage Sludges[J]. EDP Sciences, 2013, 1: 15005.

[5] Christou A, Eliadou E, Michael C, et al. Assessment of Long-Term Wastewater Irrigation Impacts on the Soil Geochemical Properties and the Bioaccumulation of Heavy Metals to the Agricultural Products [J]. Environmental Monitoring and Assessment, 2014, 186: 4857-4870.

[6] Khan S, Rehman S, Khan A Z, et al. Soil and Vegetables Enrichment with Heavy Metals from Geological Sources in Gilgit, Northern Pakistan[J]. Ecotoxicology and Environmental Safety, 2013, 73: 1820-1827.

[7] Massas I, Kalivas D, Ehaliotis C, et al. Total and Available Heavy Metal Concentrations in Soils of the Thriassio Plain(Greece) and Assessment of Soil Pollution Indexes[J]. Environmental Monitoring and Assessment, 2013, 185: 6751-6766.

[8] Sow A Y, Ismail A, Zulkifli S Z. Geofractionation of Heavy Metals and Application of Indices for Pollution Prediction in Paddy Field Soil Tumpat, Malaysia[J]. Environmental Science and Pollution Research, 2013, 20: 8964-8973.

[9] 高吉喜，段飞舟，香宝. 主成分分析在农田土壤环境评价中的应用[J]. 地理研究，2006，25(5)：836-842.

[10] 黄治平. 规模化猪场区域农田土壤重金属污染研究——以京安猪场为例[D]. 北京：中国农业科学院，2007.

[11] 王建玲，张春燕，王学锋，等. 长期灌溉电池废水对麦田土壤重金属形态分布的影响[J]. 土壤通报，2009，40(5)：1181-1184.

[12] 林初夏，卢文洲，吴永贵，等. 大宝山矿水外排的环境影响：Ⅱ.农业生态系统[J]. 生态环境，2005，14(2)：169-172.

[13] 马祥爱，秦俊梅，冯两蕊. 长期污水灌溉条件下土壤重金属形态及生物活性的研究[J]. 中国农学通报，2010，26(22)：318-322.

[14] 廖金凤. 电镀废水中铜锌铬镍对农业环境的影响[J]. 农村生态环境，1999，15(4)：52-55.

[15] 曹雪莹，张莎娜，谭长银，等. 中南大型有色金属冶炼厂周边农田土壤重金属污染特征研究[J]. 土壤，2015，47(1)：94-99.

[16] Hang X, Wang H, Zhou J. Soil Heavy-Metal Distribution and Transference to Soybeans Surrounding an Electroplating Factory[J]. Acta Agriculturae Scandinavica Section B-Soil and Plant Science, 2010,

60(2)：144-151.

[17] 杨贺，刘杰．矿业生产影响区水稻田系统砷、铅、镉的污染特征及风险评价——以西江流域大环江下游为例[J]．江苏农业科学，2018，46(15)：205-209.

[18] Alphen M V. Atmospheric Heavy Metal Deposition Plumes Adjacent to a Primary Lead-Zinc Smelter [J]. The Science of the Total Environment，1999(236)：119-134.

[19] 章明奎，刘兆云，周翠．铅锌矿区附近大气沉降对蔬菜中重金属积累的影响[J]．浙江大学学报(农业与生命科学版)，2010，36(2)：221-229.

[20] 杨杰，严密，李晓东，等．医疗废物焚烧炉运行前后5年周边土壤重金属对比分析研究[J]．环境科学学报，2014，34(2)：417-422.

[21] 陈维新，张玉龙，陈中赫，等．沈阳东郊沈抚公路两侧土壤铅含量分布规律的初步研究[J]．农业环境保护，1990，9(2)：10-13.

[22] 汪新生，赵建奇，弋鼎哲．公路两侧土壤铅污染预测研究[J]．西北大学学报，1993，23(5)：472-477.

[23] 马建华，楚纯洁，李剑，等．铁路交通对铁路旁土壤重金属污染的影响——以陇海铁路郑州—圃田段为例[J]．土壤通报，2007，38(1)：128-132.

[24] 马建华，谷蕾，李文军．连霍高速郑商段路旁土壤重金属积累及潜在风险[J]．环境科学，2009，30(3)：894-899.

[25] 马建华，李剑，宋博．郑汴路不同运营路段路旁土壤重金属分布及污染分析[J]．环境科学学报，2007，27(10)：1734-1743.

[26] 张民，龚子同．我国菜园土壤中某些重金属元素的含量与分布[J]．土壤学报，1996，33 (1)：85-93.

[27] 叶必雄，刘圆，虞江萍，等．畜禽粪便农用区土壤-小麦系统中重金属污染及迁移[J]．地理研究，2013，32(4)：645-652.

[28] 王飞，赵立欣，沈玉君，等．华北地区畜禽粪便有机肥中重金属含量及溯源分析[J]．农业工程学报，2013，29(19)：202-208.

[29] Taylor M D. Accumulation of Cadmium Derved from Fertilisers in New Zealand Soils[J]. Science of the Total Environment，1997，208(1-2)：123-126.

[30] Grant C A，Sheppard S C. Fertilizer Impacts on Cadmium Availability in Agricultural Soils and Crops [J]. Human an Ecological Risk Assessment，2008，14(2)：210-228.

[31] Jalloh M A，Chen J H，Zhen F R，et al. Effect of Different N Fertilizer Forms on Antioxidant Capacity and Grain Yield of Rice Growing Under Cd Stress[J]. Journal of Hazardous Materials，2009，162：1081-1085.

[32] Atafar Z，Mesdaghinia A，Nouri J，et al. Effect of Fertilizer Application on Soil Heavy Metal Concentration[J]. Environmental Monitoring and Assessment，2010，160：83-89.

[33] Mortvedt J J，Osborn G. Study on the Chemical Form of Cadmium Contaminants in Phosphate Fertilizers[J]. Soil Science，1982，134：185-192.

[34] 潘根兴，高建芹，刘世梁．活化率指示苏南土壤环境中重金属污染冲击初探[J]．南京农业大学学报，1999(2)：46-49.

[35] 宋玉芳，孙铁珩，张丽珊．土壤-植物系统中多环芳烃和重金属的行为研究[J]．应用生态学报，1995，

6(4)：417-422.

[36] Sipter E，Rózsa E，Gruiz K，et al. Site-Specific Risk Assessment in Contaminated Vegetable Gardens [J]. Chemosphere，2008，71：1301-1307.

[37] 杨阳，茹广欣，朱秀红，等. 义马市某工业废渣堆积场土壤重金属污染状况研究[J]. 安徽农业大学学报，2013，40(6)：1049- 1053.

[38] Fujimori T，Takigami H. Pollution Distribution of Heavy Metals in Surface Soil at an Informal Electronic Waste Recycling Site[J]. Environmental geochemistry and health，2014，36：159-168.

[39] 陈海棠，周丹丹，薛南冬，等. 电子固体废弃物拆解作坊附近土壤重金属污染特征及风险[J]. 环境化学，2015，34(5)：956-963.

[40] Barbieri M，Sappa G，Vitale S，et al. Soil Control of Trace Metals Concentrations in Landfills：A case Study of the Largest Landfill in Europe，Malagrotta，Rome[J]. Journal of Geochemical Exploration，2014，143：146-154.

[41] 包丹丹，李恋卿，潘根兴，等. 垃圾堆放场周边土壤重金属含量的分析及污染评价[J]. 土壤通报，2011，42(1)：185-189.

[42] Stumn W，Brauner P. Chemical Speciation[C]. Riley J P，Skirrow G. Chemical Oceanography. New York：Academic Press，1975，21(05)：173-279.

[43] 汤鸿霄. 试论重金属的水环境容量[J]. 中国环境科学，1985，5(5)：38-43.

[44] Ma L Q，Rao G N. Chemical Fractionation of Cadmium，Copper，Nickel，and Zinc in Contaminated Soils[J]. Journal of Environmental Quality，1997，26(1)：259-264.

[45] Tessier A，Camcdell P G C，Blsson M. Sequential Extraction Procedure for the Speciation of Particulate Trace Metals[J]. Analytical Chemistry，1979，51(7)：844-851.

[46] 卢瑛，龚子同，张甘霖. 南京城市土壤中重金属的化学形态分布[J]. 环境化学，2003，22(2)：131-136.

[47] Teutsch N，Erel Y，Halicz L，et al. Distribution of Natural and Anthropogenic Lead in Mediterranean Soils[J]. Geochimica et Cosmochimica Acta，2001，65(17)：2853-2864.

[48] Bolan N S，Khan M A，Donaldson J，et al. Distribution and Bioavailability of Copper in Farm Effluent [J]. Science of the Total Environment，2003，309(1-3)：225-236.

[49] 王祖伟，王中良. 天津污罐区重金属污染及土壤修复[M]. 北京：科学出版社，2014：106-144.

[50] Blaser P，Zimmermann S，Luster J，et al. Critical Examination of Trace Element Enrichments and Depletions in Soils：As，Cr，Cu，Ni，Pb and Zn in Swiss Forest Soils[J]. The Science of the Total Environment，2000，249：257-280.

[51] 王学松，秦勇. 徐州城市表层土壤中重金属元素的富积特征与来源识别[J]. 中国矿业大学学报，2006，35(1)：84-88.

[52] 史贵涛，陈振楼，许世远，等. 上海城市公园土壤及灰尘中重金属污染特征[J]. 环境科学，2007，28(2)：238-242.

[53] 陈志凡，王岩松，段海静，等. 开封黑岗口引黄灌区稻麦轮作下农田土壤剖面重金属分布特征[J]. 中国生态农业学报，2012，20(4)：480-487.

[54] Mico C, Recatala L, Peris M, et al. Assessing Heavy Metal Sources in Agricultural Soil of an European Mediterranean Area by Multivariate Analysis[J]. Chemosphere, 2006, 65: 863-872.

[55] Franco-Uría A, López-Mateo C, Roca E, et al. Source Identification of Heavy Metals in Pastureland by Multivariate Analysis in NW Spain[J]. Journal of Hazardous Materials, 2009, 165: 1008-1015.

[56] Komárek M, Ettler V, Chrastný V, et al. Lead Isotopes in Environmental Sciences: a Review[J]. Environment International, 2008, 34(4): 562-577.

[57] Meharg A A, Deacon C, Edwards K J, et al. Ancient Manuring Practices Pollute Arable Soils at the St Kilda World Heritage Site, Scottish North Atlantic[J]. Chemosphere, 2006, 64(11): 1818-1828.

[58] Fernandez C, Monna F, Labanowski J, et al. Anthropogenic Lead Distribution in Soils under Arable Land and Permanent Grassland Estimated by Pb Isotopic Compositions[J]. Environmental Pollution, 2008, 156(3): 1083-1091.

[59] Zhang H B, Luo Y M. Endogenous and Exogenous Lead in Soils of Yangtze River Delta region, China: Identified by Lead Isotopic Compositions and Multi-Elemental Approaches[J]. Environment Earth Sciences, 2011, 62(5): 1109-1115.

[60] Miller J R, Lechler P J, Mackin G, et al. Evaluation of Particle Dispersal from Mining and Milling Operations Using Lead Isotopic Fingerprinting Techniques, Rio Pilcomayo Basin, Bolivia[J]. Science of the Total Environment, 2007, 384(1-3): 355-373.

[61] Lee C S, Li X, Shi W, et al. Metal Contamination in Urban, Suburban, and Country Park Soils of Hong Kong: A Study Based on GIS and Multivariate Statistics[J]. Science of the Total Environment, 2006, 356(1-3): 45-61.

[62] Bove M A, Ayuso R A, De Vivo B, et al. Geochemical and Isotopic Study of Soils and Waters from an Italian Contaminated Site: Agro Aversano (Campania)[J]. Journal of Geochemical Exploration, 2011, 109(1-3): 38-50.

[63] Grezzi G, Ayuso R A, De Vivo B, et al. Lead Isotopes in Soils and Groundwaters as Tracers of the Impact of Human Activities on the Surface Environment: The Domizio-Flegreo Littoral (Italy) Case Study[J]. Journal of Geochemical Exploration, 2011, 109(1-3): 51-58.

[64] Li H B, Yu S, Li G L, et al. Contamination and Source Differentiation of Pb in Park Soils Along an Urban-Rural Gradient in Shanghai[J]. Environmental Pollution, 2011, 59(12): 3536-3544.

[65] Zhang G L, Yang F G, Zhao W J, et al. Historical Change of Soil Pb Content and Pb Isotope Signatures of the Cultural Layers in Urban Nanjing[J]. Catena, 2007, 69(1): 51-56.

[66] Bacon J R, Hewitt I J. Heavy Metals Deposited from the Atmosphere on Upland Scottish Soils: Chemical and Lead Isotope Studies of the Association of Metals with Soil Components[J]. Geochimica et Cosmochimica Acta, 2005, 69(1): 19-33.

[67] Yang Y G, Li S, Bi X Y, et al. Lead, Zn, and Cd in Slags, Stream Sediments, and Soils in Anabandoned Zn Smelting Region, Southwest of China, and Pb and S Isotopes as Source Tracers[J]. Soils Sediments, 2010, 10(8): 1527-1539.

[68] MacKinnon G, Mackenzie A B, Cook G T, et al. Spatial and Temporal Variations in Pb Concentra-

tions and Isotopic Composition In Road Dust, Farmland Soil and Vegetation in Proximity to Roads Since Cessation of Use of Leaded Petrol in the UK[J]. Science of the Total Environment, 2011, 409(23): 5010-5019.

[69] Imperato M, Adamo P, Naimo D, et al. Spatial Distribution of Heavy Metals in Urban Soils of Naples City(Italy)[J]. Environmental Pollution, 2003, 123: 247-256.

[70] 张长波，李志博，姚春霞，等. 污染场地土壤重金属含量的空间变异特征及其污染源识别指示意义[J]. 土壤，2006，38(5)：525- 533.

[71] Boruvka L, Vacek O, Jehlicka J. Principal Component Analysis as a Tool to Indicate the Origin of Potentially Toxic Elements in Soils [J]. Geoderma, 2005, 128(3-4): 289-300.

[72] Zhao Y, Guo H, Sun Z, et al. Principle Component Analyses Based on Soil Knowledge as a Tool to Indicate Origin of Heavy Metals in Soils[J]. Scientia Geographica Sinica, 2008, 28(1): 45-51.

[73] Lu A, Wang J, Qin X, et al. Multivariate and Geostatistical Analyses of the Spatial Distribution and Origin of Heavy Metals in the Agricultural Soils in Shunyi, Beijing, China[J]. Science of the Total Environment, 2012, 425: 66-74.

[74] 凌乃规. 广西不同类型农田土壤重金属含量状况分析[J]. 农业环境与发展，2010，27(4)：91-94.

[75] 宋书巧，梁利芳，周永章，等. 广西刁江沿岸农田受矿山重金属污染现状与治理对策[J]. 矿物岩石地球化学通报，2003，22(2)：152-155.

[76] 谢跃生，代靖，祝日茂. 广西龙江河泥中镉及某些金属元素含量分析[J]. 广西师范学院学报(自然科学版)，2014，31(2)：37-40.

[77] 黄晨晖，时坚，莫日生. 近三十年来刁江流域水质状况的对比分析及其防治建议[J]. 环境研究与监测，2009，22(3)：14-19.

[78] 吴洋，杨军，周小勇，等. 广西都安县耕地土壤重金属污染风险评价[J]. 环境科学，2015，36(8)：2964-2971.

[79] 赵彦锋，郭恒亮，孙志英，等. 基于土壤学知识的主成分分析判断土壤重金属来源[J]. 地理科学，2008，28(1)：45-50.

[80] Borůvka L, Vacek O, Jehlička J. Principal Component Analysis as a Tool to Indicate the Origin of Potentially Toxic Elements in Soils[J]. Geoderma, 2005, 128(3-4): 289-300.

[81] 王学军，李本纲，陶澍，等. 土壤微量金属含量的空间分析[M]. 北京：科学出版社，2005.

[82] Streets D G, Hao J, Wu Y, et al. Anthropogenic Mercury Emissions in China [J]. Atmospheric Environment, 2005, 39(40): 7789-7806.

[83] Lv J, Liu Y, Zhang Z, et al. Identifying the Origins and Spatial Distributions of Heavy Metals in Soils of Ju Country(Eastern China)Using Multivariate and Geostatistical Approach[J]. Journal of Soilsand Sediments, 2015, 15(1): 163-178.

[84] 项萌，张国平，李玲，等. 广西河池铅锑矿冶炼区土壤中锑等重金属的分布特征及影响因素分析[J]. 地球与环境，2010，38(4)：495-500.

[85] 黄奎贤，覃柳妹，吴少珍，等. 广西河池市重金属污染现状分析与治理对策[J]. 广西科学院学报，2012，28(4)：320-324，329.

[86] 吴文勇，尹世洋，刘洪禄，等. 污灌区土壤重金属空间结构与分布特征[J]. 农业工程学报，2013，29(4)：165-174.

[87] 赵明松，张甘霖，王德彩，等. 徐淮黄泛平原土壤有机质空间变异特征及主控因素分析[J]. 土壤学报，2013，50(1)：1-11.

[88] Dayani M，Mohammadi J. Geostatistical Assessment of Pb，Zn and Cd Contamination in Near-Surface Soils of the Urban-Mining Transitional Region of Isfahan，Iran[J]. Pedosphere，2010，20(05)：568-577.

[89] 王勇辉，钟巧，焦黎. 夏尔希里地区土壤重金属特征及空间变异分析[J]. 干旱区地理，2016，39(5)：1043-1050.

[90] 杨兆平，欧阳华，徐兴良，等. 五道梁高寒草原土壤水分和植被盖度空间异质性的地统计分析[J]. 自然资源学报，2010，25(3)：426-435.

[91] 刘永轩，黄泽春，蹇丽，等. 广西刁江沿岸土壤 As，Pb 和 Zn 污染的分布规律差异[J]. 环境科学研究，2010，23(4)：485-490.

[92] 严俊霞，李君剑，李洪建，等. 亚高山草甸土壤呼吸的空间异质性研究[J]. 环境科学，2013，34(10)：3392-3400.

[93] 李艳霞，徐理超，熊雄，等. 典型矿业城市农田土壤重金属含量的空间结构特征[J]. 环境科学学报，2007，27(4)：679-687.

[94] 王波，毛任钊，曹健，等. 海河低平原区农田重金属含量的空间变异性[J]. 生态学报，2006，26(12)：4082- 4090.

[95] 孙亚乔，段磊，王晓娟，等. 煤矸石酸性水释放对土壤重金属化学行为的影响[J]. 水土保持学报，2016，30(1)：300-306.

第7章

农田重金属污染土壤修复及安全利用

土壤修复已经成为一个新兴的环境保护产业，是土壤环境工程的重要组成部分。1994年，由美国发起并成立了“全球土壤修复网络”（global soil remediation network），标志着污染土壤的修复已经成为世界普遍关注的领域之一。重金属污染物因其化学性质通常不易被微生物降解，只能在环境中发生形态转化、分散、富集与沉积，这使得农田土壤重金属污染具有隐蔽性、滞后性、累积性和不可逆性，而且治理难，治理周期长等。因此，重金属污染土壤的治理在国内外广受关注。

7.1 农田土壤重金属修复技术

污染土壤修复后需要保持土壤的生态功能和农业用途。目前，针对农田土壤重金属修复主要基于三种修复思路：①改变土壤重金属的化学形态，使其钝化，减弱重金属的活性和迁移性，以阻止其进入食物链。②利用工程技术将重金属变成可溶态、游离态，再淋洗土壤，收集淋洗液回收重金属。③利用特殊植物富集重金属原理，收获植物回收重金属。基于以上修复思路国内外学者们已经研发了许多治理技术，在重金属污染农田土壤实际应对措施中，主要有翻土客土、化学修复、生物修复和农艺调控（水肥管理、叶面阻隔和选择低累积品种）等。

7.1.1 翻土客土

翻土法就是深翻土壤，使聚积在表层的污染物分散到较深的层次，达到稀释的目的。该法适用于土层较深厚的土壤，且要配合增加施肥量，以弥补根层养分的减少。客土法包括：①混合，即在污染土壤中加入大量的干净土壤与原有的土壤混匀，使污染物浓度降低到临界危害浓度以下；②覆盖，即将干净客土覆盖于污染土表层，以减少污染物与植物根系的接触，从而达到减轻危害的目的；③换土，即将污染土壤层移除，以客土替代。对于浅根植物（如水稻等）和移动性较差的污染物，采用覆盖的客土法较好。客土应尽量选择比较黏重或有机质含量高的土壤，以增加土壤对污染物的负载容量，增强土壤的自净能力。日本富士县神通川流域镉污染土壤通过挖去15cm表土，压实心土，覆盖20～30cm客土，并配合适当的水肥管理，使得稻米中镉的含量降低到符合食品中污染物限量标准的要求。江西德兴铜矿区的污染土壤经客土并进行植被恢复和重建3a后，表层土壤的有机质、速效磷和速效钾等的含量均有不同程度的提高[1]。

换土和客土覆盖工程措施对污染土壤的治理效果相对较好，且在当年就能表现出来，但是其人力、物力和财力耗费量较大。翻土深耕往往会破坏土壤结构，降低表层土壤的有机质和其他养分含量，从而带来负面影响；水田翻耕是一个重金属活化、再分布和表面富集过程，有可能造成负面影响。在大规模推广改良或者治理措施时，应该认真地进行论证和验证，以达到对症下药之效果。客土法换出的污染土壤应妥善处理，以防止二次污染。

土壤移除、更换和置换是一种非常有效且快速解决土壤重金属污染的方法。土壤移除和更换多用于重度重金属污染土地，但由于其成本高、工程量大的特点，因而只适用于污染面积较小的土壤。置换是通过深耕等方式将上下层土壤混匀，以降低耕作层的重金属含量，此法适用于中、轻度重金属污染土壤。

7.1.2 化学修复

化学修复是使用化学方法降低土壤污染物的移动性和生物有效性，以降低其进入环境介质的能力，或通过淋洗除去污染物。化学修复的主要措施是应用化学修复剂，是基于污染物土壤化学行为的改良措施。如添加改良剂、抑制剂等化学物质来降低土壤中污染物的水溶性、扩散性和生物有效性，从而使污染物得以降解，或者转化为低毒性或移动性较低的化学形态，以减轻污染物对生态和环境的危害。化学修复剂的作用主要包括沉淀、吸附、氧化还原、催化氧化、质子传递、脱氯、聚合、水解和 pH 值调节等[2]。

化学修复剂的施用方式多种多样，水溶性修复剂可以通过灌溉将其浇灌或喷洒在污染土壤的表层；或通过注入井把液态化学修复剂注入亚表层土壤。如果试剂会产生不良环境效应，或者所施用的化学试剂需要回收再利用，则可以通过水泵从土壤中抽提化学试剂。非水溶性的改良剂或抑制剂可以通过人工撒施、注入和填埋等方法施入污染土壤。为保证化学修复剂能与污染物充分接触，需要采用普通农业技术（例如犁、耙）把固态化学修复剂充分混入污染土壤中。目前无机钝化剂和有机钝化剂在重金属污染土壤修复中应用较多。

无机钝化材料主要有石灰、碳酸盐及矿物（碳酸钙镁），含磷材料（磷灰石、磷酸钙、过磷酸钙和磷酸盐等），硫化物，含硅材料（硅肥、粉煤灰、硅酸盐及硅酸盐类黏土矿物等），金属和金属化合物（氢氧化铁、硫酸亚铁、硫酸铁、针铁矿、零价铁和赤泥等），以及新型材料（介孔材料和纳米材料等）。其中，石灰、碳酸盐、矿物和含磷材料是最常用和最有效的重金属钝化剂。

对于受重金属污染的酸性土壤，施用石灰、高炉渣、矿渣和粉煤灰等碱性物质，或配施钙镁磷肥、硅肥等碱性肥料，能降低重金属的溶解度，从而可有效地减少重金属对土壤的不良影响，降低植物体内的重金属浓度；通过离子间的拮抗作用也可降低植物对污染物的吸收。施入石灰硫黄合剂等含硫物质，能使土壤中的重金属形成硫化物沉淀；在一定条件下施用碳酸盐、磷酸盐和氧化物质都能促进土壤中重金属沉淀的形成。对于铅污染的土壤，施用磷灰石可使污染土壤中的水溶性铅减少 56.8%～100%。而对于一些以阴离子形态存在的重金属，在土壤呈碱性时，其溶解度增加，对作物的毒害也增大，因而应选用酸性钝化剂。例如对砷污染的土壤应投加硫酸亚铁或硫酸铁，在一定程度上可使土壤酸化，同时形成铁与砷的共沉淀，从而抑制作物对砷的吸收和迁移。

钝化剂的吸附作用也能降低土壤中重金属的生物有效性。用膨润土、合成沸石等硅铝酸盐作添加剂，可以钝化土壤中镉等重金属，从而显著降低镉污染土壤中作物的镉浓度。有研究表明土壤镉的浓度为 49.5mg/kg 时，加入相当于土壤质量 1%～2%的合成沸石，可使莴苣叶中的镉浓度降低 60%～88%。介孔材料和纳米材料由于具有独特的表面结构和组成成分，在较低的施加水平下就有较好的修复效果。微米羟基磷灰石、纳米羟基磷灰石对土壤铜、镉的吸附固定作用均高于常规粒径的羟基磷灰石，这可能与低粒径材料较大的比表面积有关[3]。目前，纳米材料的高成本、低稳定性因素限制了其在重金属污染土壤修复中的大规模应用。因此，可考虑将常规材料进行纳米化，甚至进行改性来达到增强钝化效果的作用。

土壤钝化剂的选择必须根据生态系统的特征、土壤类型、作物种类和污染物的性质等来确定。在重金属污染的碳酸盐褐土中因其 $CaCO_3$ 含量高，土壤中的有效磷易被固定，因而不宜施用石灰等碱性物质，当在这样的土壤中施加 K_2HPO_4 时，既可使重金属形成难溶性磷酸盐，又可增加有效磷含量，治理效果较显著。钙镁磷肥与石灰配施效果优于单施石灰，原因是 Cd-CaO-P_2O_5 体系比单施石灰的 Cd-CaO 体系稳定；钙镁磷肥因有钙镁离子与镉共沉淀，抗淋溶性强，对土壤 pH 值影响小。钝化剂与农业措施及生物措施配合使用，效果会更好，但要加强管理，以免被吸附或固定的污染物再度活化。

有机钝化材料中常常含有一些羟基（—OH）、羧基（—COOH）或者甲氧基（—OCH_3）等活性基团。土壤中的溶解性有机质还能作为载体与土壤中游离的重金属离子进行离子交换、螯合配位等，影响重金属离子在土壤中的吸附和解吸，改变重金属的最终形态。常用的有机钝化材料主要包括禽畜粪便堆肥、作物秸秆、泥炭、豆科绿肥和生物炭等。施用腐殖酸类肥料和其他有机肥料可以增加土壤中的腐殖质含量，使土壤对有机污染物和重金属的吸附能力增强，通过氧化还原作用和增强微生物活性促使有机污染物降解，减少植物对重金属的吸收。生物炭是指生物质在无氧或缺氧条件下热裂解得到的一类含碳的、稳定的、高度芳香化的固态物质，在土壤修复中备受关注[4-8]。生物炭作为高品质能源和土壤改良剂，可在一定程度上为气候变化、环境污染和土壤功能退化等全球关切的热点问题提供解决方案。制备生物炭的常用原料主要有农业废物（如秸秆）、木材及城市生活有机废物（如垃圾、污泥）。生物炭对重金属的吸附固定机制主要有 4 个方面：①使土壤的 pH 值升高，促进重金属离子形成难溶性的碳酸盐、磷酸盐或氢氧化物沉淀，或者增加土壤表面活性位点，降低重金属离子的活性和移动性；②离子交换作用；③与生物炭表面官能团形成特定的金属离子配合物；④表面吸附。同等条件下，生物炭的钝化效果要低于石灰而高于沸石，同时生物炭的添加量通常较高，一般要在 1%以上时才会起作用，在 5%时才会有比较好的效果。

钝化剂对重金属污染土壤的修复具有操作简单、经济有效和不影响农作物生产等优点。由于钝化机理的特殊性，多数钝化剂只是通过各种作用暂时性地降低了重金属的有效形态，随着土壤环境的改变或其他因素的变化，土壤中重金属的形态可能会恢复到之前的不稳定状态，存在一定的再污染风险。无论是有机钝化剂还是无机钝化剂，在施入土壤之前都要开展一些针对性研究，包括土壤理化性质，污染物种类及污染程度，钝化剂筛选和研发，以及最佳剂量、最佳施用时期、稳定化效果评估等，应在探明不同物料钝化机理的前提下，选择一种或多种效率高、无污染、稳定性长久的改良材料。在施入土壤后需要加强管理与长期监测，掌握改良剂的修复效率变化，适时追加改良剂，防止重金属再度活化而污染土壤。

7.1.3　生物修复

生物修复是利用植物、微生物和动物去除土壤重金属的方法。经过新陈代谢过程，生物可以使土壤中的重金属形态发生变化或将其吸收，从而降低重金属毒性，达到净化土壤的目的。目前，我国对生物修复技术的研究大多集中在植物修复和微生物修复两方面，植物修复土壤重金属污染的机理较为简单，操作更为简便，易于得到预期治理效果。由于技术成本低、操作简便、应用范围广、无二次污染、可以回收植物体中重金属等优点，植物修复被学术界以及各国环保部门广泛接受。近年来，美国、法国等一些国家均在植物修复方面的研究投入了大量资金，随着经济的快速发展，植物修复的应用前景将会越来越广泛。

7.1.3.1　植物修复

植物修复是利用植物来转移、容纳或转化土壤污染物以使土壤得到净化的一种方法。植物通过对重金属吸收、挥发、降解和稳定等作用，可以降低土壤中重金属含量。植物修复类型主要有植物富集、植物固定、植物挥发和植物根际降解等。其中，采用超富集植物（又称超积累植物）进行重金属污染土壤的修复技术逐步成熟，已得到众多科学家的倡导和推崇[9,10]。该项技术的前提和重点在于超富集植物的筛选和培育，超富集植物多生长在矿区等重金属污染严重地区，通过野外调查得到。而通过人工驯化栽培，同样可显著提高某些植物对重金属的吸收富集能力。

迄今为止，在美国、新西兰等国家，已经报道的超富集植物有 700 种。其中 Ni 的超富集植物 277 种。至 2010 年，国内发现 Cd 超富集植物已达 20 余种[11-16]，主要有东南景天、宝山堇菜、龙葵、三叶鬼针草、龙共葵、球果蔊菜、小飞蓬、商陆、水葱、阳桃等；Cd 富集植物已达 60 种，主要有水稻、甜高粱、芦竹、龙须草、小麦、香根草、桑树、马尾松、露松等。国内报道的 Pb

超富集植物主要有密毛白莲蒿、白莲蒿、小鳞苔草、金丝草以及 Pb/Zn/Cd 超富集植物圆锥南芥。

植物修复技术应用广泛，但超富集植物的寻找耗时费力，现存超富集植物通常生长缓慢、生物量低、地域限制较大，导致植物修复效果不能达到预期。基因工程在植物修复中的应用，为提高植物修复土壤重金属污染的效率提供了新的思路，主要表现在以下几方面：

① 控制植物体内重金属由胞外运移至胞内的关键基因，主要调控锌铁调控蛋白、黄色条纹样蛋白、天然抗性相关巨噬细胞蛋白，使其作为载体参与重金属在植物体内的不同组织的转运。

② 改变重金属在细胞内储存位置，提高植物耐受能力的关键基因，主要调控 ATP 结合盒转运器、阳离子扩散促进器和 P_{1B} 型 ATPases，通过增强植物对重金属的区室化能力来实现储存功能。

③ 降低重金属对植物的毒害作用的关键基因，主要调控植物体内植物络合素、金属硫蛋白的大量合成，并络合重金属形成络合物。

利用基因工程向目标植物导入相关功能基因，使其在目标植物中高效表达，并在实际环境中进行植物生长测试应答机制，以更好地调控植物体内重金属含量平衡关系，克服超富集植物与环境适配性差的缺陷。如在烟草中加入 MTs 基因 CUP1，可以有效促进烟草对 Cu 的吸收和富集，提高植物对土壤重金属污染的修复效率；引入对汞富集有益的基因，不仅可以有效提高植物对汞的富集量和富集速度，而且还可以提高植物对汞的耐性，进而提高植物对重金属土壤的修复能力。但转基因植物是否会对周围的生态环境造成影响，尤其要考虑是否会对人类生产生活过程造成潜在危害，需要进一步进行安全性评价。

7.1.3.2 微生物修复

微生物修复是利用天然或人工培养的微生物群，强化其代谢功能，从而达到降低污染物活性或降解污染物的目的。国内外利用微生物（细菌和酵母等）减轻或消除重金属污染已有报道[17-19]。微生物通过改变重金属的化学或物理特性而影响其在环境中的迁移与转化，其修复机理包括细胞代谢、表面生物大分子吸收转运、生物吸附、空泡吞饮和氧化还原反应等。微生物对土壤中重金属活性的影响主要体现在 4 个方面：①溶解和沉淀作用；②生物吸附和富集作用；③氧化还原作用；④菌根真菌对土壤重金属的生物有效性影响。

细菌产生的特殊酶与重金属反应可降低其有效性或毒性。例如，柠檬酸杆菌属（*Citrobacter* sp.）细菌产生的酶能使铀、铅和镉形成难溶磷酸盐；利用细菌也可降低废弃物中硒、铅的毒性。此外，一些微生物对镉、钴、镍、锰、锌、铅和铜等有较强的亲和力。微生物吸附的实际应用取决于两个方面，即筛选具有专一吸附能力的微生物和降低培育微生物的成本。

在有毒金属离子中，以铬污染的微生物修复研究较多。在好氧或厌氧条件下，有许多异养微生物能够催化 Cr^{6+} 转化为 Cr^{3+}。另一些 Fe^{3+} 还原细菌可以把 Co^{3+}-EDTA 中的 Co^{3+} 还原成 Co^{2+}，因为放射性 Co^{3+}-EDTA 的水活性很高，而 Co^{2+} 与 EDTA 结合较弱，可使钴的移动性降低，因此，具有较大的实际应用价值。除通过还原金属离子形成沉淀以外，微生物还可以把一些金属还原成活性的或挥发性的形态。例如，一些微生物可以将非活性态的 Pu^{4+} 还原成活性态的 Pu^{3+}，一些微生物可以将 Hg^{2+} 还原成挥发性的 Hg。

与传统的污染土壤治理技术相比，土壤微生物修复技术的主要优点如下：①微生物降解较为完全，可将一些有机污染物降解为完全无害的无机物，二次污染问题较小。②处理形式多样，操作相对简单，有时可进行原位处理。③对环境的扰动较小，不破坏植物生长所需要的土壤环境。④与物理、化学方法相比，微生物修复的费用较低，微生物处理的费用取决于土壤体积和处理时间。⑤可处理多种不同种类的有机污染物，如石油、炸药、农药、除草剂和塑料等，且无污染面积大小的限制，并可同时处理受污染的土壤和地下水。⑥微生物在与植物联合修复中发挥着举足轻重的作用[20,21]。

微生物修复技术主要存在下述 4 个方面的限制：①当污染物溶解性较低，或者与土壤腐殖质、黏粒矿物结合得较紧时，微生物难以发挥作用，污染物不能被微生物降解。②专一性较强，特定的微生物只降解某种或某些特定类型的化学物质，污染物的化学结构稍有变化，同一种微生物的酶就可能不起作用。③有一定的浓度限制，当污染物浓度太低且不足以维持降解细菌的群落时，微生物修复便不能很好地发挥作用。④修复地点有一定的限制，在一些低渗透的土壤中可能不宜使用该技术，因为细菌生长过多有可能会阻塞土壤本身或土中安装的注水井。

7.1.3.3　动物修复

动物修复是利用土壤动物（如蚯蚓、线虫、节肢动物甲螨）通过食物链等作用吸收、降解或转移重金属，以降低土壤中重金属浓度的技术。国外关于动物修复的研究已有较长时间，国内起步较晚，尚处于探索阶段。孙艳芳等[22]指出土壤无脊椎动物群落的多样性指数、蜱螨目和弹尾目的种群数量可以指示土壤重金属污染程度。伏小勇等[23]经试验发现蚯蚓对重金属有一定的忍耐和富集能力，用于修复重金属污染土壤具有一定的应用价值。

7.1.4 农艺措施

通过水肥管理、叶面阻隔、种植低积累品种、改变种植结构等农艺措施，可降低土壤污染物的生物有效性，减少作物可食部位对污染物的积累。影响农作物对重金属的吸收的因素有土壤重金属总量、重金属有效态含量、灌溉方式、施肥类型、土壤理化性质、植物种类、耕作制度等。通过调节土壤水分、pH值、有机质等因素可以改变重金属的水溶性和迁移性，达到降低重金属的生物有效性和减轻重金属生物毒性的目的。

日本农林渔业部门鼓励农民在Cd污染农田种植水稻时，尽量做到水稻抽穗前后期农田处于水淹状态，这样土壤会处于还原状态，Cd与硫结合形成CdS，从而降低水稻对Cd的吸收[24]。Murray等[25]开展水稻盆栽实验，发现水稻在抽穗后落干的情况下籽实Cd含量是正常灌水的12倍。对酸性土壤施用生石灰等碱性物质来提高pH值，可降低重金属Cd在土壤中的有效性，其有效态含量降低15%[26,27]，有效抑制植物对Cd的吸收。

在重金属低富集品种的筛选与应用的基础上，用其他作物替代食用或饲用作物，或用重金属低富集食用或饲用作物种替代较高富集作物种，是重金属污染农田实现安全生产的另一途径。如在Cd污染的土壤上，用Cd低富集作物种类（如番茄、西葫芦、甘蓝等）来替代易积累Cd的作物种类（如白菜、菠菜、大豆、莴笋等）。特别是在重金属中度至重度污染的农田，短时间内实现食用或饲用作物安全生产的难度极大。这类农田在应用重金属农田土壤修复技术进行初步修复后往往需要调整种植结构，种植其他作物。

采用农艺措施来降低重金属对作物的毒害，具有操作简单易行的优点，而且在修复过程中不会破坏环境，不会造成二次污染，因此该技术备受青睐。但由于该改良措施周期长、见效慢，因此一般情况下，农艺措施修复适用于中轻度污染土壤，并应与其他措施（如施加改良剂）配合使用。

7.1.5 联合修复

近年来，联合修复技术逐渐引起了各学者的研究兴趣，有钝化剂与农艺措施联合修复技术、钝化剂和低积累作物联合修复技术、低积累作物与超富集植物联合修复技术、植物-微生物联合修复技术、植物-动物-微生物联合修复技术等。

对于轻度重金属污染的农田，采用农艺措施（施肥技术）治理，可有效减轻土壤中重金属对农作物的危害，降低其进入食物链的风险，改善农产品的品质。然而单一的修复方式通常很难满足安全生产的要求，而且修复周期长，可采用钝化剂与农艺措施联合修复。

小麦秸秆生物炭施用及低镉积累水稻品种种植均可降低稻米镉积累量，且生物炭施用对低镉积累的水稻品种的降镉效应高于高镉积累水稻品种。低镉积累水稻品种与生物炭联合施用可减少 69%～80%的稻米镉积累量，因而低镉积累水稻品种联合生物炭施用可用于修复镉污染稻田土壤，从而降低人类健康风险。

低积累作物与超富集植物联合修复土壤污染，能够不中断农业生产，边生产边修复，可以降低土壤修复的经济和社会成本，对于轻度污染土壤尤其适用。如中科院地理科学与资源研究所[28]将蜈蚣草与低积累作物甘蔗（能糖兼用型甘蔗“桂引 5 号”、糖蔗“桂引 9 号”）间作套种，既利用蜈蚣草对土壤中砷、铅、镉加以吸收，又能收获能源甘蔗，用于制造乙醇汽油。该修复模式在将土壤中的重金属浓度稳步降低的同时，可以获得每亩达 1000～2000 元的年收入，修复成本约为客土法修复费用的$\frac{1}{12}$。

植物-微生物联合修复技术是利用植物与微生物之间相互作用以提高修复效率的技术，植物-动物-微生物联合修复技术则是植物、动物与微生物三者共同作用完成修复过程，这类技术集成是充分利用植物、动物（如蚯蚓）和微生物等多种功能，作用于轻微污染的农用土壤，达到保护和修复土壤污染的目标。杨柳等[29] 研究了在 Pb^{2+}、Cd^{2+} 胁迫作用下蚯蚓、菌根菌及其联合作用对植物修复的影响，结果显示蚯蚓可以显著提高植物地上部分的生物量，菌根菌可以提高植物地上部分的重金属积累浓度，同时接种蚯蚓与菌根菌所能提高植物吸收的重金属总量的幅度最大。玉米对砷的耐性较强，是一种较理想的低积累作物。江苏省吴江区黎里镇的试验区，将种植玉米结合菌根技术和放养蚯蚓应用于低砷污染土壤修复，丛枝菌根（arbuscular mycorrhiza，AM）真菌通过扩大植物根系的吸收面积以促进植物对土壤水分和其他矿物质元素的吸收，提高植物的抗砷能力[30]。蚯蚓通过穴居和翻动作用使土壤保持较高的疏水通气能力，有利于 AM 真菌侵染植物根系，从而增加根系和地上部分生物量。试验结果显示，接种AM真菌和放养蚯蚓后，促进了玉米生长，加快了玉米对砷污染土壤的修复。连续修复3年后，土壤中砷含量显著下降，达到了边生产边对砷污染土壤进行修复的目的。

7.2 农田土壤重金属污染高效安全利用

近年来，一些学者提出，应该根据土壤污染程度的不同区分开来进行合理利用[31]。对一些中等或较轻污染程度的土壤，没有必要将其撂荒来进行各种各样的修复，可以选择一些抗污染物、对污染物积累量少或是可脱离食物链的一些作物或植物进行种植，从而使土壤被充分安全利用。

安全高效利用策略通过在污染农田区域，调整作物品种结构，使污染土壤生产力得到恢复和提高，农产品安全无毒。实施Pb或Cd污染农田高效利用策略的技术关键就是筛选出耐Pb或Cd单一污染或复合污染、适应当地自然环境、产品符合社会需求的作物品种，构建出新的农业生产经营模式。2016年3月公布的《中华人民共和国国民经济和社会发展第十三个五年规划纲要（草案）》中提到，未来五年中国将开展1000万亩受污染耕地治理修复和4000万亩受污染耕地风险管控。作为一个耕地资源有限的发展中国家，对于大面积遭受重金属污染的农田，人们只能维持农业利用方式，采用生态治理的措施，对农业内部生产结构进行调整，这是实现污染区农业持续健康发展的唯一途径。在实施重金属单一和复合污染农田安全高效利用策略时，可以从以下5方面考虑[32]。

7.2.1 植物耐重金属性

植物耐重金属性（产量指标）是指在对污染土壤选用特定作物进行处理之后，作物的产量不低于正常水平或是达到人们接受的产量水平。国内外针对植物耐铅/镉性的研究工作很多[33-45]，如同一植物在这里是抗性植物，换个地方被认为是敏感植物，分析原因主要是植物的耐铅/镉污染基因在其不同生长阶段的表达不同，而且受环境因素的影响较大。因此，对植物耐铅/镉性的鉴定应在特定的污染环境下和植物生长的全过程进行。这样才可以筛选出在特定地区具有实际利用价值的耐性作物品种。

7.2.2　产品安全性

产品安全性（品质指标）指残留于产品中的重金属污染物含量不影响其利用价值，并对人体无毒害影响；对于食用作物，可食部分重金属含量一定要低于国家卫生标准的最高允许值；对于非食用作物，其质量要符合深度加工或是市场公认的标准。以重金属 Cd 为例，已有研究表明：禾谷类作物水稻和玉米对 Cd 的生理耐受性较弱，但是其产品易因 Cd 污染影响而丧失食用价值，不适合在污染区种植。纤维类植物棉花、红麻、苎麻和蚕桑对 Cd 都有不同程度的生理耐受性，产品质量受污染影响小，土壤中 Cd 不易通过食物链对人体造成危害。油料作物油菜和花生等对 Cd 的生理耐度性较强，种子油中 Cd 残留量很低，对食用品质影响较小，是一种比较安全的耐 Cd 污染作物，可以作为 Cd 污染农田区改种改制的选择对象。土壤 Cd 含量低于 100mg/kg 时，对糖料作物甘蔗的产量没有明显的不良影响，产品甘蔗中 Cd 存留量也较低，可见，甘蔗对 Cd 的生理耐受性很强，如果在甘蔗精炼过程中使成品糖中的 Cd 含量进一步降低，对其卫生品质的影响会更低。因此，甘蔗可考虑在中度及轻度 Cd 污染土壤上保留种植。

7.2.3　系统开放性

在重金属污染区选定新的农业生产经营模式时，需要考虑整个生产系统的开放性（生态指标）。系统开放性主要是指农产品向污染区域之外的地区输送，使污染土壤能得到逐步净化。

7.2.4　可持续发展性

在重金属污染区建立新的农田生产经营模式必须有可持续发展的能力，其中最主要的核心内涵就是经济的可持续发展性（社会指标）。这就要求新的生产经营模式除了要有较好的短期经济效益，还需要尽可能长久地保持这种高效益。为了实现这种目标，应当将污染区的农业发展与一个县或地区的发展融为一体，只有这样污染农田安全高效的利用策略才能得到实现。

7.2.5　经营高效性

在重金属污染农田种植制度改变之后，农民获得的直接经济效益应比治理改种之前有明显提高（经济指标）。作为被污染土地的直接经营者，如果不能从污染治理中得到更多的经济实惠，污染农田治理成果就不能巩固，甚至会加剧污染纠纷，影响社会安定。

7.3 农田重金属污染土壤修复效果评估方法

在对污染土壤实施修复工程之后，是否达到修复目标或修复标准，需要通过有效的方法对土壤修复效果进行评估，污染土壤修复效果的评定是土壤修复工程必不可少的重要环节。污染土壤修复的效果主要从污染物总量和污染物的生物有效性两个方面来表征。其中，污染物总量是从污染物性质的角度来表征土壤修复效果；污染物的生物有效性是从污染物的生物可利用性以及生物毒性的角度来表征土壤修复效果。然而稳定化技术作为重金属污染土壤修复技术之一，被国内外广泛应用，其主要通过改变重金属的赋存形态进而降低其迁移性和生物有效性，但修复后重金属并没有从土壤中清除，因此并不能根据重金属总量来评估污染土壤的潜在健康和环境风险，国内外往往采用重金属的浸出毒性或有效性来评估修复效果。

7.3.1 污染物总量分析

残留污染分析法是对目标污染物在土壤中的残留量进行监测，通过与修复目标值的对比来评价修复效果的方法。残留污染分析法是评价污染土壤修复效果最直观的方法。比对后通过统计分析计算达标率，判定是否达到修复目标。在北京市出台的《污染场地修复验收技术规范》（DB11/T 783—2011）中，可通过逐个对比法或 t 检验法将场地污染物检测值与修复目标值进行比较来判定是否达到验收标准。其中，逐个对比法适用于修复面积较小、采样数量有限的场地；而 t 检验法则可剔除采样过程或实验室分析误差导致的超标值的影响。

当土壤存在多种污染物复合污染时，污染物之间由于拮抗、相加等作用改变了其毒性，采用此法就不能恰当评定修复效果。我国幅员辽阔，农田土壤类型众多，污染物在不同土壤类型中背景值不一样，采用此法不能体现土壤差异性。

7.3.2 浸出毒性评价法

模拟酸雨浸出程序（synthetic precipitation leaching procedure，SPLP）用

于模拟在酸沉降条件下污染土壤对地下水的影响。由于采用模拟酸沉降的浸提剂，其可以对酸雨淋溶导致的浸出行为提供较为合理的评价结果。SPLP 以保护地表水和地下水为目标，当浸提液中重金属含量超过地表水或地下水相关限值，则表明污染土壤可能会对水体造成影响。国家环境保护总局制定了《固体废物　浸出毒性浸出方法　硫酸硝酸法》（HJ/T 299—2007），与 SPLP 类似，该标准以硝酸/硫酸混合溶液为浸提剂，模拟废物在不规范填埋处置、堆存或经无害化处理后废物的土地利用时，其中的有害组分在酸性降水的影响下，从废物中浸出而进入环境的过程。国内在修复实践过程中通常将 SPLP 分析结果与地下水质量标准进行比较，以评估稳定化修复后土壤中重金属对地下水的潜在影响。

7.3.3　化学形态提取

7.3.3.1　化学形态单一提取法

化学形态单一提取法用于评估土壤中可被植物利用的有效态含量，可以有效评价稳定化修复后植物对土壤重金属的吸收情况。目前，其操作程序尚未统一，不同国家采用不同的提取剂，如荷兰采用 0.01mol/L $CaCl_2$ 溶液，瑞士采用 0.1mol/L $NaNO_3$ 溶液，德国采用 1.0mol/L NH_4NO_3 溶液。Menzies 等[36]对化学形态单一提取结果与植物可给性（phytoaccessibility）之间的相关性进行了较为全面的研究，结果表明，1.0mol/L CH_3COONH_4 对 Cd 的提取率、0.01mol/L $CaCl_2$ 对 Cd、Zn 和 Ni 的提取率与植物可给性之间具有较好的相关性（$R^2 \geqslant 0.50$），而采用 1.0mol/L NH_4NO_3 对 Cd 的提取率与植物可给性之间的相关性较差（$R^2 = 0.412$）；其他提取剂（如 0.05mol/L EDTA 和 0.1mol/L HCl）的提取结果与植物可给性之间的相关性也较差。

7.3.3.2　化学形态连续提取法

化学形态连续提取法基于重金属与土壤表面或土壤中其他基团结合强度的不同，对其存在形态进行划分，然后选用一系列提取强度不同的提取剂进行连续提取分离。连续提取法对形态的划分比单一提取法更为精细，即通过逐级增加提取剂强度对土壤重金属进行提取分离，可提供更为丰富的土壤重金属形态分布信息。土壤中重金属形态的提取方法多样，按照提取操作步骤可分为 3 步至 7 步不等，提取的土壤重金属形态包括水溶态、可交换态、锰氧化物结合态、有机物结合态、无定形铁氧化物结合态、晶形铁氧化物结合态、硫化物结合态、残渣态等，可以反映稳定化修复后土壤中不同形态重金属的含量。

7.3.4 污染物生物有效性分析

土壤中污染物对土壤生物的毒性可从侧面反映土壤污染状况，在土壤修复工程实施之后，可通过污染物的生物有效性分析来表征土壤修复的效果。污染物生物有效性分析主要有植物、动物、微生物毒性法以及土壤酶水平法。

7.3.4.1 植物毒性法

植物毒性法是通过考察不同浓度污染物对作物的生理、生态和生产性状的影响程度以及污染物在作物各器官的残留量来评定土壤修复效果的方法。常用的植物毒性评定法有受害状况评定法、植物体内污染物含量评定法、藻类毒性评定法等。如对于采用固化稳定化修复的重金属污染土壤，大多数金属离子与修复剂形成稳定的结构，选择具有富集重金属能力的或对金属毒性非常敏感的植物，能够准确而全面地反映重金属生物可利用性变化情况。

7.3.4.2 动物毒性法

土壤作为蚯蚓等分解动物的栖息地，受污染之后会对栖息动物造成危害，其危害程度和污染物的毒性有关，因此可以采用适当手段记录土壤对栖息动物的危害和风险，从而达到对土壤修复状况的指示作用。动物毒性法主要有两种方式：一种是土壤生物群落法，即根据动物群落数和动物群落结构，通过生物多样性指数来评价土壤系统的污染程度；另一种是动物毒理学实验法，即将对土壤污染具有敏感指示作用的物种作为指示动物暴露于土壤系统中，根据动物的存活率、生长、繁殖等生理指标反映土壤修复效果。

7.3.4.3 微生物毒性法

当土壤被污染后，土壤的基本理化性质和微生物量发生改变。可以把土壤微生物学参数作为评定污染土壤修复效果的指标。微生物量碳可作为表征微生物数量的指标，研究发现微生物总量评定法足够灵敏，同时也比较稳定，满足作为污染土壤修复效果评定指标的要求。

7.3.4.4 土壤酶水平法

土壤酶对土壤周围的环境变化相当敏感，通过测定污染物对土壤酶活性的影响有助于评价土壤中的污染物或残留剂含量是否已满足修复标准。土壤酶活性是衡量土壤生物活性和生产力的重要指标，是土壤生态系统代谢的重要动力。

有研究者对土壤镉污染进行了修复研究，发现经生物修复后，土壤酶活性也得到恢复。在选择土壤酶作为评价土壤质量的指标时，须考虑土壤酶的测定方法。目前对于土壤酶的研究，无论是土壤的前处理、土壤灭菌、分析条件，还是在表达土壤酶活性单位方面，都有待进一步完善。

7.4　反枝苋内生菌的筛选及其对植物富集铬的效果研究

本研究从在广西宾阳某制革厂周边采集的生长良好、生物量大的铬耐性植物反枝苋根系中分离内生菌，以分泌吲哚乙酸（IAA）、铁载体能力及 Cr 耐受性为主要筛选指标，筛选出植物内生菌，联合植物反枝苋进行盆栽实验，探讨耐铬植物内生菌对反枝苋的生长及对铬的富集能力的影响，旨在对内生菌联合反枝苋修复 Cr 污染土壤提供依据和参考[37]。

7.4.1　材料与方法

7. 4. 1. 1　供试材料

供试植物：铬耐性植物反枝苋，采自广西南宁宾阳县某制革厂制革污泥池旁。

供试土壤：采自广西宾阳县某制革厂周边的水稻土。土壤的基本理化性质：pH 值 7. 66，有机质 41. 5g/kg，阳离子交换量 10. 8cmol/kg，碱解氮 179mg/kg，有效磷 11. 1m/kg，总铬 2535mg/kg。

7. 4. 1. 2　实验方法

（1）耐铬内生菌的分离纯化　铬抗性细菌筛选固体培养基：参考孙乐妮等[38]的方法配制 1/5 LB 培养基，在 1/5 LB 培养基上添加 $CrCl_3 \cdot 6H_2O$ 母液，分别配制成含 Cr^{3+} 浓度为 30mg/L、60mg/L 的固体培养基。用清水清洗干净反枝苋的根系，再用 70％的酒精浸泡消毒 5min 后，用无菌水清洗几次，用 6％的次氯酸钠浸泡 15min，无菌水清洗 5 次。在无菌超净台中，取 1 g 表面消毒后的根系于无菌研钵研磨捣碎，原液逐级稀释后涂布在含 Cr^{3+} 浓度为 30mg/L 铬抗性细菌筛选固体培养基上，随机挑选不同形态、生长良好的单菌落反复纯化后，将各单一菌落转接至含 Cr^{3+} 浓度为 60mg/L 铬抗性细菌筛选固体培养基，挑选出生长良好的耐铬菌株转接至斜面，4℃保藏备用。

(2) 耐铬菌株促生特性分析　在含 Cr^{3+} 浓度为 60mg/L 的抗性平板上，根据菌落颜色、形态、大小等特征初步分离得到 35 株细菌，进而通过分析 35 株细菌产 IAA、产铁载体能力来评价其促生特性。产 IAA 内生菌定性与定量筛选方法采用 Sheng 等[39]、Gordon 等[40]的方法；产铁载体能力测定参考 Schwyn 等[41]、王平等[42]的方法。

(3) 菌株对重金属耐受特性分析　通过最小抑制浓度来确定供试菌株对重金属离子的抗性。将平板培养 24h 的菌株接种在含有一定重金属离子浓度的 1/5 LB 培养基中，置于 30℃、150r/min 摇床中培养 2～6d。Cr^{3+} ($CrCl_3 \cdot 6H_2O$) 浓度设为 50mg/L、100mg/L、150mg/L、200mg/L、250mg/L、300mg/L；Cd^{2+} ($CdCl_2 \cdot H_2O$) 浓度设为 10mg/L、20mg/L、30mg/L、40mg/L、50mg/L、60mg/L；Pb^{2+} ($PbCl_2$) 浓度设为 100mg/L、200mg/L、300mg/L、400mg/L、500mg/L。在分光光度计下测定 600nm 处吸光值 OD_{600}，吸光值与该浓度下未接菌培养液的吸光值无明显差异即为重金属离子最小抑制浓度。

(4) 耐铬菌株对反枝苋累积铬的影响　供试土壤自然风干后，过 10 目筛混匀，取 1kg 装入花盆中。选取长出 4 片真叶、长势一致的幼苗，将其根部分别放入等量的 $OD_{600}=1.0$ 的 G3、G8 菌悬液浸泡 4h，并以无菌水为空白对照，移栽至供试土壤中，分别记为：CK（浸于无菌水）；G3（浸于 G3 菌悬液）；G8（浸于 G8 菌悬液）。每盆定植 1 株，各处理设置 4 个重复，定期施入复合肥，放置于广西大学环境学院人工气候室内，每天浇灌 100 mL 去离子水。40d 后收获，测量植株地下部、地上部生物量。地下部用自来水清洗后，用 20mmol/L EDTA 溶液交换 15min 去除根部吸附离子，再用去离子水漂洗 2～3 次。将洗干净的地上部和地下部烘干过筛，微波消解后，用电感耦合等离子体原子发射光谱法（ICP-AES）测定总铬含量。

(5) 菌株 16S rDNA 基因同源性分析　将筛选出来的耐铬菌株 G3 和 G8 接种于斜面固体培养基保藏，测序相关工作交由生工生物工程（上海）股份有限公司完成。将所得的序列与 GenBank 数据库中的核酸数据进行 BLAST 分析比对，选取同源性较高的菌株与供试菌株序列进行相似性分析，通过 Mega6.06 软件以邻接法（neighbour-joining）构建系统发育树，以确定该菌株的分类地位。

7.4.2 结果与分析

7.4.2.1 耐铬菌株促生菌的特性

（1）产 IAA 能力评价　吲哚乙酸是一种重要的植物生长激素，在较低浓度下即能促进细胞的伸长生长。根际的微生物分泌植物生长激素，促进根细胞的分裂和生长，通过生长激素调节细胞代谢活动，从而缓解重金属的危害[43]。在 35 株耐 Cr 菌株中，有 15 株具有产 IAA 的能力，占供试菌株的 42.9%。对具有产 IAA 能力的 15 株菌株进行定量测定，结果如图 7-1 所示，分泌量在 5.00mg/L 以上的有 5 株，占供试菌株的 14.3%，其中 G8 菌株产 IAA 能力最强，分泌量达到 17.80mg/L。

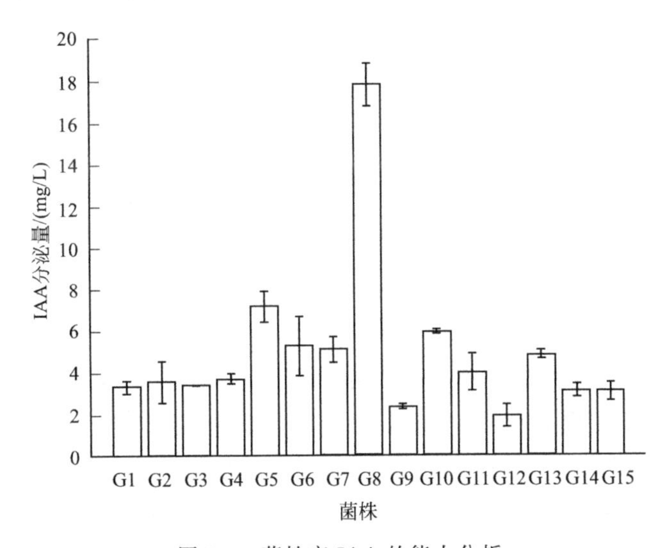

图 7-1　菌株产 IAA 的能力分析

（2）产铁载体特性　在低铁环境下，微生物产生一种小分子物质铁载体，它能与环境中的铁螯合，与 Fe^{3+} 具有很高的亲和性，且能以特异的转运系统转移至体内，为微生物提供铁元素[44]。具产铁载体能力的细菌不仅为自身提供了大量的铁源，造成相对高铁浓度的环境，而且有利于其他同源铁载体的微生物或植物生长[45]。从表 7-1 可看出，A/A_r（A 和 A_r 分别为接菌和未接菌上清反应液在 630nm 波长处的吸光值，从 0～1.0 之间以 0.2 为间隔，每减小 0.2 增加一个“+”，比值越小，反映产铁载体能力越强，产铁载体能力强的菌株 G1、G2、G3 和 G9 共 4 株，占耐铬菌株中的 11.4%，G5、G6、G8、G13 有着较好的产铁载体能力，G4、G11、G12、G14 和 G15 产铁载体能力极低。

表 7-1　供试菌株产铁载体能力

菌株	A/A_r	产铁载体能力等级	菌株	A/A_r	产铁载体能力等级
G1	0.171	+++++	G9	0.180	+++++
G2	0.179	+++++	G10	0.372	++++
G3	0.170	+++++	G11	0.916	+
G4	0.936	+	G12	0.868	+
G5	0.398	++++	G13	0.377	++++
G6	0.245	++++	G14	0.937	+
G7	0.606	++	G15	0.883	+
G8	0.331	++++			

注："+"表示 A/A_r 值的范围，即+++++，0～0.2；++++，0.2～0.4；+++，0.4～0.6；++ 0.6～0.8；+，0.8～1.0。

7.4.2.2　供试菌株对重金属的耐受性

细菌在重金属胁迫下发挥其自身的促生作用，还需对重金属有较高的耐受性，以保证细菌在高浓度下自身的良好生长。因此本研究在之前的实验基础上，挑选出了 2 株产铁载体能力强的菌株（G1、G3），分泌 IAA 能力高的菌株（G8），以及产铁载体能力弱的菌株（G14、G15）进行重金属耐受性实验。结果见表 7-2，供试菌株对 Cr、Cd、Pb 等 3 种重金属离子有不同的耐受性。G1、G3 菌株对 Cr^{3+} 有很高的耐受性，最小抑制浓度达到了 200mg/L，G8 和 G15 次之，而菌株 G14 耐受性仅为 50mg/L；在 5 株供试菌株中，G15 菌株对 Cd^{2+} 有着较强的耐受性，达 40mg/L，G1、G3、G8 和 G14 对 Cd^{2+} 的耐受浓度均未超过 20mg/L；在 Pb^{2+} 耐受性方面，仅菌株 G15 有着较低的耐受性，为 200mg/L，其他供试菌株均有良好的耐受性。

表 7-2　菌株对重金属的耐受性

菌株	Cr^{3+}浓度/(mg/L)					Cd^{2+}浓度/(mg/L)					Pb^{2+}浓度/(mg/L)				
	50	100	150	200	250	10	20	30	40	50	100	200	300	400	500
G1	+	+	+	+	−	+	+	−	−	−	+	+	+	+	−
G3	+	+	+	+	−	+	+	−	−	−	+	+	+	−	−
G8	+	+	−	−	−	+	+	−	−	−	+	+	+	+	−
G14	+	−	−	−	−	+	−	−	−	−	+	+	+	+	−
G15	+	+	−	−	−	+	+	+	+	−	+	+	−	−	−

注："+"表示菌株生长；"−"表示菌株不生长。

7.4.2.3 菌株对反枝苋生长及累积 Cr 的影响

（1）不同处理对反枝苋植株生物量的影响　内生菌对反枝苋浸根处理后生物量表现不一，见图 7-2。与对照相比，内生菌 G3 处理后反枝苋的地上部、地下部生物量未见显著提高，G3 处理后地上部生物量仅提高了 0.38g。内生菌 G8 浸根处理后，反枝苋生物量得到较大提高，地上部较对照提高了 54.1%，达显著性差异，地下部与对照相比显著提高了 71.3%，表明内生菌 G8 浸根处理后促进了反枝苋的生长发育。

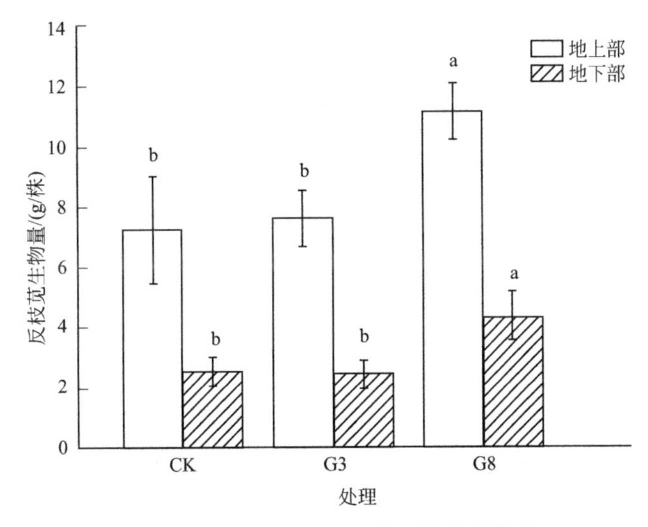

图 7-2　不同菌株对反枝苋生物量的影响

相同字母表示不同处理之间差异不显著（$p<0.05$）

（2）不同菌株处理对反枝苋 Cr 累积量的影响　植物体内重金属的积累量与分布情况是评价其修复污染土壤的能力重要一方面[46]。如表 7-3 所示，反枝苋地上部、地下部对铬的富集量均超过了超富集植物含量的参考值 1000mg/kg[47]，但地上部铬的含量低于地下部，即转移系数小于 1，未达到严格意义上的铬超富集植物的要求。这表明反枝苋地下部和地上部对铬均有较强的富集能力，并且反枝苋植物对重金属铬具有很强的耐性。反枝苋对 Cr 的富集主要集中在根部。空白处理中，反枝苋地上部 Cr 含量达到了 1144mg/kg，地下部为 2284mg/kg，单株累积量为 14.1mg。内生菌 G8 处理后，反枝苋地下部对铬的富集量显著高于对照，达到了 2494mg/kg，较对照显著提高了 9.2%，每株反枝苋对铬的累积量达到了 23.9mg，较空白对照提高了 69.5%；G3 处理后，反枝苋地下部和地上部对铬的富集量与对照相比无明显差异。对整株植物而言，G8 处理后反枝苋对铬的生物富集系数显著高于对照和 G3 处理，表明 G8 处理后提高了植物体对铬的累积量，使植物表现出较强的富集能力。从转移系数看，G3、G8 处理的转运系数与对照相比均无显著差异。综合图 7-2 和表 7-3 可以得出，内生菌 G8 浸根处理后，不仅促进了地下部对铬的富集能力，还提高了反枝苋的生物量，进而提高了修复效率。可能内生菌 G8 的存在缓解了重金属的毒害，并持续释放 IAA，促进了植物生长，增加了植物生物量，从而提高了反枝苋富集铬的效率。

表 7-3　不同菌株处理对反枝苋 Cr 含量和累积量的影响

处理	Cr 含量/(mg/kg)		重金属累积量/(mg/株)	生物富集系数	转移系数
	地上部	地下部			
CK	1144.1±36.1a	2284.2±28.5b	14.1±3.30b	0.57±0.00b	0.50±0.02ab
G3	1156.1±60.5a	2282.0±84.9b	14.4±2.00b	0.56±0.02b	0.51±0.04a
G8	1166.1±58.4a	2493.7±53.0a	23.9±3.45a	0.61±0.03a	0.47±0.02b

注：1. 表中数据为 4 个平行的平均值±标准差。
2. 同一列中相同字母表示不同处理之间差异不显著（$p<0.05$）。

7.4.2.4 供试菌株分子生物学鉴定

经平板划线、革兰氏染色，观察菌株培养特征及形态特征，可见 G3 菌株菌落较大，为浅橙色，隆起，边缘整齐，表面光滑，较湿润，较透明，为革兰氏阳性菌；G8 菌落较小，为乳白色，隆起，边缘整齐，表面光滑，较湿润，不透明，革兰氏阳性菌。菌株的基因测序结果片段长度分别为 1403 bp 和 1419 bp，通过 NCBI Blast 序列比对发现两株菌株均属于假单胞菌属（*Pseudomonas*），与该属其他物种的 16S rRNA 序列比较，构建系统发育树（图 7-3）并进行序列相似性分析，菌株 G3 与 *Pseudomonas* sp. CZGSD7 的序列相似性达到 99%；菌株 G8 与 *Pseudomonas extremorientalis* CNU082017 的序列相似性达到 100%，因此初步鉴定菌株 G3、G8 均为假单胞菌属。

7.4.3 讨论

内生细菌与植物长期共存，已成为植物微生态系统的组成部分，植物为许多的内生细菌提供了复杂的微环境、生长所需的营养元素和生长条件，形成互利的共生关系，但内生菌能否有效生存和定殖，还取决于自身固有的生理特征及植物根围生物性和非生物性的因素[48,49]。因此，在重金属污染环境下，菌株

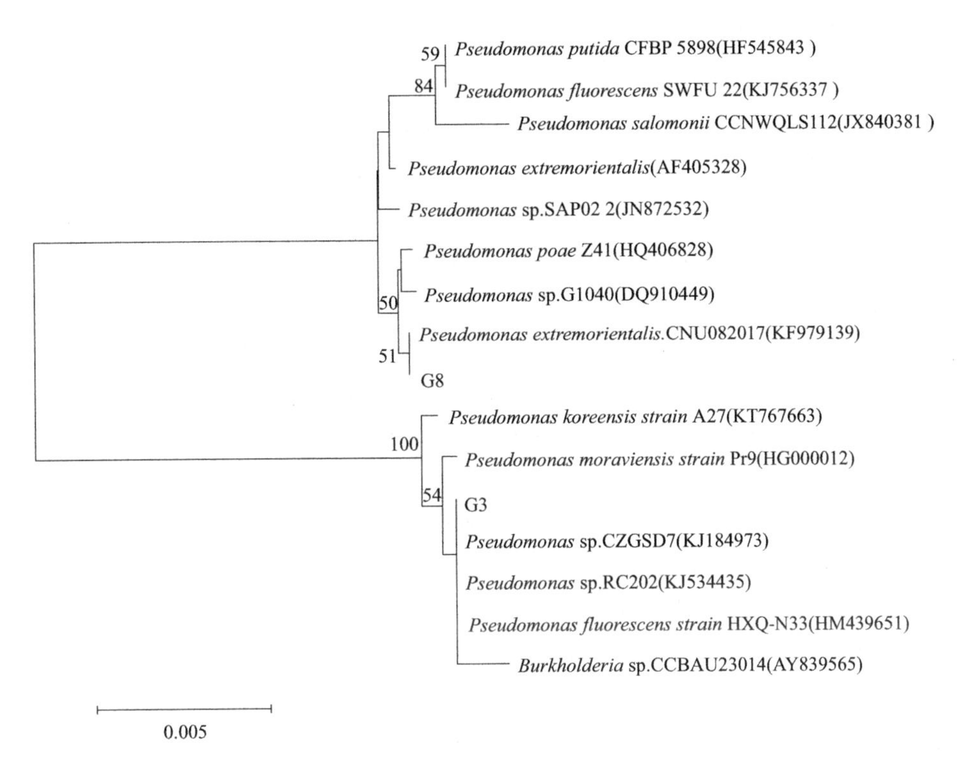

图 7-3　菌株 G3、G8 与相关菌株的 16S rRNA 基因序列系统发育树

对重金属的耐受性，是筛选联合超富集植物修复重金属污染土壤内生菌的首要指标。Khan 等[50]在牧豆树（*Prosopis juliflora*）的根系、茎和根际土中分离得到 26 株细菌，4 株能在含 Cr^{3+} 浓度为 3000mg/L 平板上生长，并且对铜、镉、铅、锌有不同程度的耐受性，其中 3 株来源于茎的内生菌，均促进了黑麦草富集制革废水污染土壤中的铬。本研究中，从铬富集植物反枝苋根系中分离得到了 35 株耐铬菌株，其中内生菌 G1、G3 对 Cr^{3+} 有良好的耐受性，可耐受 Cr^{3+} 浓度达到 200mg/L，G1 对 Pb^{2+} 的耐受性也较为突出，G15 对 Cd^{2+} 具有一定的耐受性。菌株 G8 对 Cr^{3+} 的也具有一定的耐受能力，Cr^{3+} 浓度达到 100mg/L 时还能正常生长。

Patten[51]等人发现，将具高分泌 IAA、铁载体的根际菌恶臭假单胞菌（*Pseudomonas putida*）接种在油菜、番茄和其他主要农业作物上，均能促进其根系的生长。但敲除分泌 IAA 的表达基因后，菌株对根系促生效果遂即失去，表明菌株的产 IAA 能力对作物根系的生长起着重要作用。Sheng 等[39]将菌株 *Pseudomonas fluorescens* G10（分泌 IAA 能力为 15.8mg/L）对油菜进行灌根处理，在不同浓度的铅胁迫下，油菜的生物量与对照相比增加了 23.8%～39.3%，表明即使油菜在高浓度的重金属胁迫下，内生菌亦能通过合成分泌 IAA 来促进其生长。本实验中，接种高产 IAA 的内生菌 G8 与未接种相比较差异显著，证明了经分泌 IAA 的菌株处理后有效地提高了反枝苋的生物量。将分泌 IAA 能力较低、分泌铁载体能力强的菌株 G3 接种到反枝苋根系，结果发现，菌株 G3 对反枝苋浸根处理后虽然提高了植株的生物量，但提高效果不显著。可见，菌株分泌 IAA 是促进反枝苋生物量提高、生长抑制影响减弱的主要因素。

反枝苋无论是在 25℃以上，还是在较低温度（15℃）和较低光照条件下，都可以保持很高的光合能力[52]，这也为反枝苋应用于野外修复铬污染土壤提供了可能。内生菌联合植物修复技术对污染土壤进行修复值得关注。Ma 等[53]在筛选对 Ni 有一定耐受性的根际细菌中，将具有突出分泌 IAA 能力的 SRS8 菌株（*Psychrobacter* sp.）应用于芥菜和野生油菜的种植栽培。发现在 Ni 的胁迫下，SRS8 菌株不仅提高了作物的生物量，还提高了作物根部对 Ni 的积累量。从反枝苋根部筛选出的假单胞菌 G8，具有分泌 IAA、铁载体的能力，即具有促生特性，反枝苋根部接种 G8 后，显著提高了根部铬的含量和总的累积量，但未提高根部向地上部自转运能力。这可能是因为内生菌 G8 分泌的植物激素 IAA 促进了根部的生长和发育，提高了吸收营养和水分的能力，间接地改善了反枝苋根部的营养状况[54,55]。

7.4.4 结论

研究发现反枝苋是一种铬的富集植物，地上部与地下部对铬的富集量均超过 1000mg/kg，同时它还具有生长快、生物量大的特点。从铬富集植物反枝苋根系筛选出的内生菌 G3 和 G8 均为假单胞菌属（*Pseudomonas*），其中 G8 具有较强的产 IAA 功能，分泌能力为 17.80mg/L。将 G8 联合反枝苋修复铬污染土壤，结果表明 G8 显著促进了反枝苋地上部和地下部的生长，地下部对铬的吸收累积能力显著提高。可见，G8 联合反枝苋修复铬污染土壤具有良好的应用前景。

7.5 蔗渣生物质炭对污染土壤中重金属形态的影响

蔗渣生物质炭具有一定的孔隙结构，比表面积较大，含氧官能团较多，在土壤改良和污染修复方面有重要应用。通过研究向广西某尾矿库坍塌导致大面积农田污染区域的土壤内添加不同温度下制备的蔗渣生物质炭，研究蔗渣生物质炭对 Cu、Zn、Pb、Cd、Ni、Cr 六种重金属形态的影响，以期为治理土壤重金属污染提供理论依据[56]。

7.5.1　材料与方法

7.5.1.1　供试土壤

供试土壤采自广西某尾矿库坍塌导致大面积农田污染区域的土壤，将采集回来的重金属污染土壤置于通风、避光、干燥的地方，在室温条件下自然风干，剔除碎石块后进行研磨，过 20 目尼龙筛待用。供试土壤理化性质：pH 值 3.60；有机质含量 2.91%；阳离子交换量（CEC）59.38mmol/kg；土壤中重金属 Cu 含量 41.5mg/kg，Zn 含量 919mg/kg，Pb 含量 1222mg/kg，Cd 含量 2.93mg/kg，Ni 含量 25.0mg/kg，Cr 含量 70.4mg/kg。

7.5.1.2　蔗渣生物质炭的制备方法

（1）马弗炉制备蔗渣生物质炭　实验前将所用的甘蔗渣进行风干处理。取一定量的蔗渣装入 200mL 瓷坩埚中压实并称重，加盖密封好后置于马弗炉中加热灼烧。首先将马弗炉温度调至 200℃，保温 2h，以实现蔗渣的预炭化过程；然后再将温度分别调至 350℃、450℃、550℃、650℃和 750℃，达到所需温度后继续保温 3h，冷却至室温后取出瓷坩埚并称重，之后研磨过 100 目尼龙筛供用。

（2）电阻炉制备蔗渣生物质炭　取一定量的蔗渣装入 50mL 瓷坩埚中压实并称重，加盖密封好后置于真空管式电阻炉中，于氮气气氛中升温，以 10℃/min 的升温速率升至 200℃，保温 2h，以实现蔗渣的预炭化；然后再以同样的升温速率分别升至 350℃、450℃、550℃、650℃和 750℃，达到所需温度后继续保温 3h，冷却至室温后取出样品并称重，之后研磨过 100 目尼龙筛以供用。

7.5.1.3　实验设计

取供试土壤至塑料盆中，每盆装土 100g，之后向塑料盆中添加不同量的生物质炭样品，实验组添加质量比为 1%和 5%的马弗炉法生物质炭，以及质量比为 5%的电阻炉法生物质炭，同时以未添加蔗渣生物质炭的空白作为对照组（CK)；以上每个处理重复 3 次，保证生物质炭与土壤充分混合均匀。其中添加马弗炉制备的生物质炭的土壤样品在室温下分别放置 30d、60d，添加电阻炉制备的生物质炭的土壤样品放置 60d，与添加马弗炉制备的生物质炭形成对照，期间所有样品要补充水分，根据恒质量每隔 3d 补一次水。

7.5.1.4 重金属测定

（1）重金属总量测定　称取0.10g左右过100目筛的土壤样品于消解罐中，向内分别添加6mL浓硝酸、2mL浓盐酸和2mL氢氟酸，静置半个小时进行预消解，然后采用微波消解仪消解，冷却后进行赶酸，待消解罐中的液体消解至1～2mL后，再转移至50mL离心管中定容。过0.45μm滤膜用电感耦合等离子体质谱法测定重金属Cu、Zn、Pb、Cd、Ni和Cr含量。

（2）重金属形态测定　土壤重金属形态测定采用欧盟BCR顺序提取法进行提取。重金属形态主要分为弱酸提取态（离子交换态和碳酸盐结合态）、可还原态（铁锰氧化态）、可氧化态（有机物结合态）和残渣态，前三种形态可称为有效态，能被植物直接和间接吸收，具有一定的有效性。实验过程中各步的提取液过0.45 μm滤膜后用电感耦合等离子体原子发射光谱法测定重金属Cu、Zn、Pb、Cd、Ni和Cr含量。提取方法如下：

① 第一步（弱酸提取态）　准确称取1.0000 g土壤样品于50mL离心管中，向内加入40mL现配的醋酸溶液，在（22±5）℃下采用往返振荡器振荡提取16h，在3000r/min下离心20min，将上清液倒入离心管中供分析用。向剩余物中加入20mL蒸馏水继续用振荡器振荡15min，再离心20min，上清液倒掉留下剩余物。

② 第二步（可还原态）　向上一步留下的剩余物中加入40mL现配好的盐酸羟胺溶液，在（22±5）℃下采用往返振荡器振荡提取16h，在3000r/min下离心20min，将上清液倒入离心管中供分析用。再向剩余物中加入20mL蒸馏水用振荡器振荡15min，在3000r/min下离心20min，上清液倒掉留下剩余物。

③ 第三步（可氧化态）　向第二步留下的剩余物中加入10mL过氧化氢（加入过程要缓慢），室温下消化1h后在（85±2）℃下水浴加热至体积减少到3mL左右，再加入10mL过氧化氢，继续在（85±2）℃下加热消化至体积减少到1mL；之后加入50mL醋酸铵（要用浓硝酸调pH值至2.0）溶液，在（22±5）℃下振荡提取16h，在3000r/min下离心20min，将上清液倒入离心管中供分析用。剩余物即为残渣态，水浴蒸干后向内加入混酸（王水和氢氟酸），在电热板上加热至尽干，冷却后转移至离心管中定容。

7.5.2 结果与分析

7.5.2.1 生物质炭对重金属Cu形态的影响

分别添加不同施用量的350℃、450℃、550℃、650℃、750℃ 5个温度下制备的生物质炭后，经过不同的试验时间其对土壤中重金属 Cu 形态分布的影响见图 7-4。从图 7-4 中可以看出，空白对照组（CK）中的重金属 Cu 主要以残渣态存在，达到了 81.6%，其次以还原态、氧化态和弱酸提取态存在，分别为 11.2%、4.89%和 2.27%。添加各温度下马弗炉制备的生物质炭 30d 后发现，重金属 Cu 的形态分布有所变化。当各温度下的生物质炭施用量均为 1%时，添加 350℃下的生物质炭，发现重金属 Cu 的弱酸提取态向氧化态转变，但转化率变化不大，氧化态含量只升高了 1.39%；添加 450℃下的生物质炭时还原态和氧化态 Cu 含量均有所增加；添加 550℃、650℃、750℃下的生物质炭发现主要差异在氧化态 Cu 含量，即铁锰氧化物含量增多，弱酸态和还原态 Cu 含量变化不大；添加 750℃下的生物质碳时氧化态 Cu 含量增加较明显，增加了 8.05%。当添加各温度下的生物质炭量为 5%时，与施用量 1%相比，弱酸提取态和还原态均向氧化态转变，且随着制备温度的升高氧化态 Cu 含量逐渐升高，还原态 Cu 含量相对降低一些，说明 5%的施用量比 1%施用量的处理效果好。

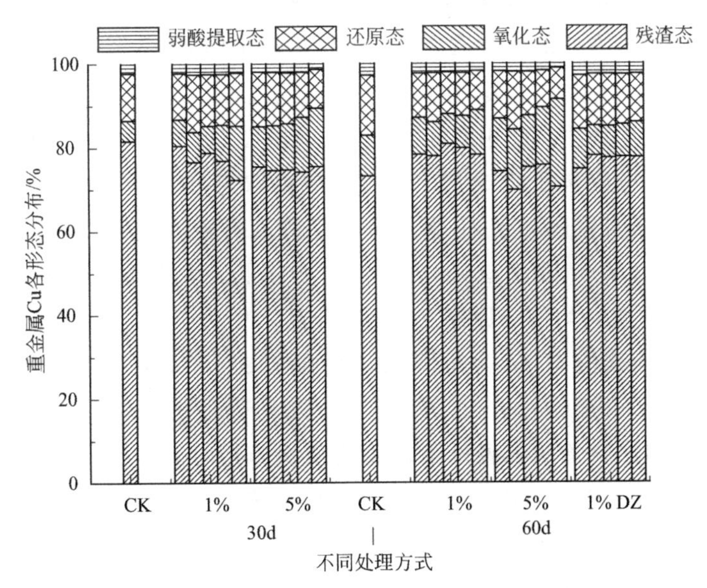

图 7-4　分别添加 5 个温度下的生物质炭后重金属 Cu 的形态分布

图中 CK 表示未添加生物质炭的空白对照；1%、5%表示马弗炉制备的生物质炭添加量；1% DZ 表示添加 1%电阻炉制备的不同温度下的生物质炭，下同

添加各温度下马弗炉制备的生物质炭 60d 后，从图 7-4 可以看出生物质炭施用量为 1%时，相对于 60d 下测定的未添加生物质炭的空白对照组（CK）中重金属 Cu 各形态含量，还原态 Cu 含量均降低，残渣态 Cu 含量均升高，但随

着制备温度的升高，各形态含量变化无规律性。750℃制备的生物质炭使还原态Cu含量降低最大，降低了5.02%。此外，各个温度下的生物质炭均使残渣态Cu含量升高，其升高趋势表现为550℃>650℃>750℃>350℃>450℃。当生物质炭施用量为5%时，各形态含量变化较明显，还原态Cu含量降低，氧化态Cu含量升高。添加各温度下马弗炉制备的生物质炭后还原态Cu含量降低趋势主要表现为750℃>650℃>550℃>350℃>450℃，最高降低7.79%；氧化态Cu含量升高趋势表现为750℃>650℃>450℃>350℃>550℃，最高升高了11.15%。结果表明，5%的施用量比1%施用量的处理效果更好，且生物质炭对土壤作用时间延长也会促进重金属的形态改变。

添加电阻炉在5种温度条件下制备的生物质炭后，还原态Cu含量降低，残渣态Cu含量升高，但这种幅度变化不大。与同等条件下施用量1%，施用时间60d，马弗炉制备的生物质炭相比，没有显示出更好的效果。

7.5.2.2 生物质炭对重金属Zn形态的影响

添加不同处理方式的生物质炭后，土壤中重金属Zn各形态的分布见图7-5。从图7-5中可以看出供试土壤中的Zn主要以残渣态形式存在，达到了83.89%。当马弗炉制备的生物质炭施用时间为30d，施用量为1%时，添加450℃、650℃和750℃下的生物质炭后重金属Zn的弱酸提取态和还原态含量升高，添加750℃下的生物质炭后还原态Zn含量升高趋势最明显；相对于未添加生物质炭的空白对照组（CK），残渣态Zn含量均有所降低。生物质炭施用量为5%时，各温度下的生物质炭均使还原态Zn含量升高，相对于CK还原态含量平均升高了4.77%，而残渣态Zn含量降低，且在750℃下对还原态和残渣态影响较大。

当添加马弗炉制备的各温度下的生物质炭施用时间为60d，施用量为1%时，从图7-5中可以看出残渣态Zn含量均比未添加生物质炭的空白对照组（CK）含量增加，350℃和750℃下生物质炭分别增加了3.68%和4.09%，5种温度下的生物质炭对残渣态含量升高能力表现为：750℃>350℃>650℃>550℃>450℃；氧化态Zn含量降低。生物质炭施用量为5%时，450℃、650℃和750℃生物质炭处理后，还原态和残渣态Zn含量增加，氧化态和弱酸提取态Zn含量降低；350℃和550℃生物质炭处理后，弱酸提取态、还原态和氧化态Zn含量均降低，残渣态Zn含量升高，此处理有利于促进对土壤重金属污染的修复。

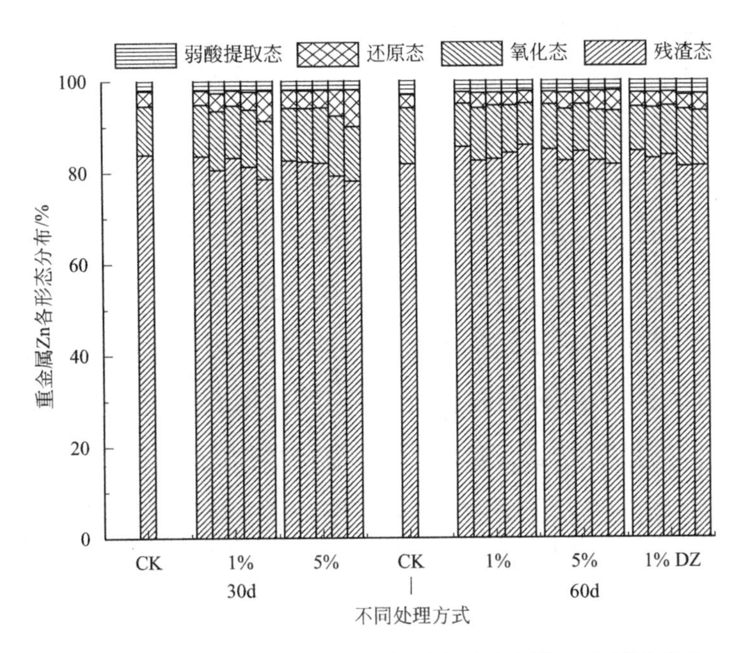

图 7-5　分别添加 5 个温度下的生物质炭后重金属 Zn 的形态分布

电阻炉在 5 种温度下制备的生物质炭对土壤重金属 Zn 形态的影响如图 7-5 所示。添加 1%电阻炉生物质炭处理后，弱酸提取态 Zn 含量减少，还原态 Zn 含量增加，氧化态 Zn 含量整体有下降趋势。

7.5.2.3　生物质炭对重金属 Pb 形态的影响

不同温度和不同方式下制备的生物质炭在不同处理下对重金属 Pb 形态分布的影响见图 7-6。从图 7-6 中可以看出生物质炭经过不同方式处理后，对重金属 Pb 形态分布的影响较大，与其对重金属 Cu 和 Zn 的影响不同。重金属 Pb 在土壤中主要以残渣态和还原态存在，分别达到 46.6%和 36.4%，其次为氧化态和弱酸提取态，仅为 12.3%和 4.73%。添加 450℃、550℃、650℃和 750℃下制备的生物质炭在土壤中作用 30d 后，土壤中的残渣态 Pb 含量降低，氧化态和还原态 Pb 含量增加。其中，添加同一温度下制备的生物质炭，施用量为 5%时比施用量为 1%时残渣态 Pb 含量降低更多，说明残渣态 Pb 含量随着施用量的增加而降低，即增加了土壤有效态 Pb 含量。施用量为 1%时，350℃下的生物质炭残渣态 Pb 含量最高，为 47.8%，与空白对照组（CK）相比增加了 1.18%，其余温度下的生物质炭均降低了残渣态 Pb 含量；施用量为 5%时，随着制备温度的升高，还原态和氧化态 Pb 含量增加，残渣态 Pb 含量相应减少，大大增加了土壤有效态 Pb 含量，与对照相比不同温度下的生物质炭处理后有效态 Pb 含量增加了 12.5%～24.7%。

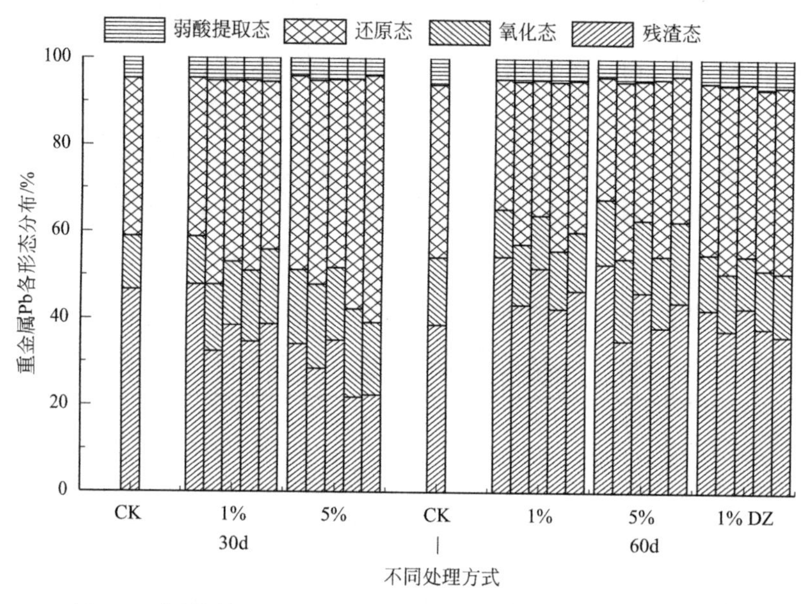

图 7-6 分别添加 5 个温度下的生物质炭后重金属 Pb 的形态分布

添加马弗炉制备的生物质炭 60d 后，土壤中重金属 Pb 形态分布比 30d 时有所改善。土壤中的残渣态 Pb 含量增加，还原态 Pb 含量降低，且同一温度下的生物质炭，1%施用量比 5%施用量的处理效果更佳，1%施用量、350℃下的生物质炭处理效果最好，弱酸提取态、还原态和氧化态 Pb 含量均减少，但随着生物质炭施用量的增加，有效态 Pb 含量也随之增加，此现象会增强农作物对重金属 Pb 的吸收，进而会对农作物产量和品质产生影响。

添加电阻炉在不同温度下制备的生物质炭后，450℃、650℃和 750℃生物质炭处理下还原态 Pb 含量增加，残渣态 Pb 含量降低；350℃和 550℃生物质炭处理下效果相反，残渣态 Pb 含量增加，但没有 1%施用量、马弗炉制备的生物质炭效果好。

7.5.2.4 生物质炭对重金属 Cd 形态的影响

不同处理方式下的生物质炭对重金属 Cd 形态分布的影响见图 7-7。从图 7-7 中可以看出重金属 Cd 主要以残渣态存在，达到 90.94%，其次是氧化态、弱酸提取态和还原态。添加各温度下的生物质炭处理 30d 后，弱酸提取态 Cd 含量有所降低，还原态 Cd 含量增加，但变化幅度不大。650℃和 750℃下制备的生物质炭，施用量为 1%时弱酸提取态、还原态和氧化态 Cd 含量降低，残渣态 Cd 含量增加，可达到修复重金属污染目的；施用量为 5%时，各个温度下的生物质炭处理均增加了残渣态 Cd 含量，且在 550℃和 750℃下效果最好，残渣态含量分别为 92.64%和 92.54%。从图 7-7 中还可看出，施用量 5%的处理效果比施用量 1%要好。

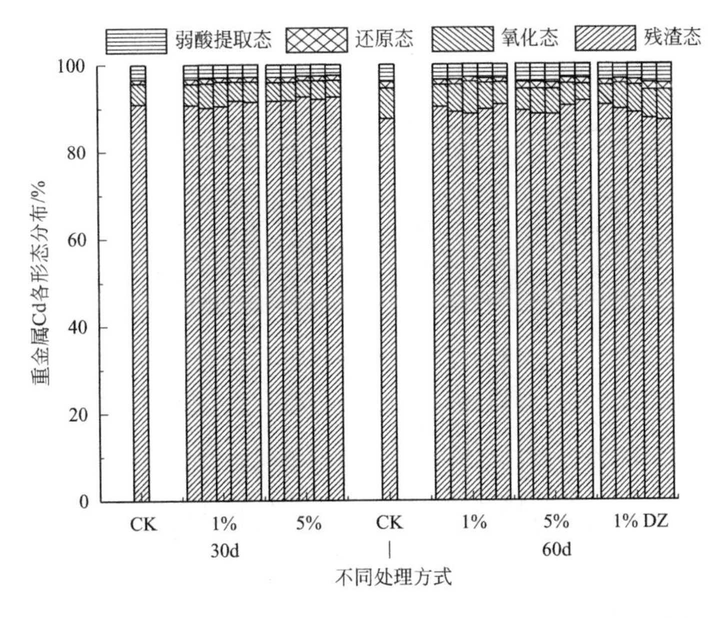

图 7-7　分别添加 5 个温度下的生物质炭后重金属 Cd 的形态分布

向土壤中添加马弗炉制备的各温度下的生物质炭 60d 后，其对重金属 Cd 形态分布影响如图 7-7 所示，与空白对照组（CK）相比，残渣态 Cd 含量均有所增加。施用量分别为 1%和 5%时，重金属 Cd 形态变化规律相近。在 350℃和 550℃下随着制备温度的升高，氧化态 Cd 含量增加，650℃和 750℃下氧化态 Cd 含量又降低，且比空白对照组（CK）含量低。此外，从图 7-7 中还可以看出生物质炭施用时间和施用量对重金属 Cd 形态分布影响不大。

添加电阻炉制备的不同温度下的生物质炭后，随着制备温度的升高氧化态 Cd 含量增加，最高为 750℃下的生物质炭处理效果，其含量为 7.94%，但也低于空白对照组（CK）中的氧化态 Cd 含量，同时还原态和残渣态 Cd 含量降低，

750℃下残渣态 Cd 含量为 87.14%，比空白对照组（CK）降低 0.41%。结果表明电阻炉低温下制备的生物质炭要比高温条件下制备的生物质炭处理效果好。

7.5.2.5 生物质炭对重金属 Ni 形态的影响

不同处理方式下的生物质炭对重金属 Ni 的形态分布影响与重金属 Cd 相似，见图 7-8。重金属 Ni 在此供试土壤中主要以残渣态存在，其含量达到 91.86%，当各温度下的生物质炭施用于土壤中 30d 后发现，重金属 Ni 的形态分布差异不大。不同生物质炭施用量的处理效果没有明显变化，不同制备温度对其处理效果也无显著差异。当各温度下的生物质炭在土壤中作用 60d 后，还原态和氧化态 Ni 含量增加，残渣态 Ni 含量降低，且施用量为 5%时重金属 Ni 氧化态含量增加，在 450℃和 750℃下增加最多，分别增加了 2.70%和 2.09%。

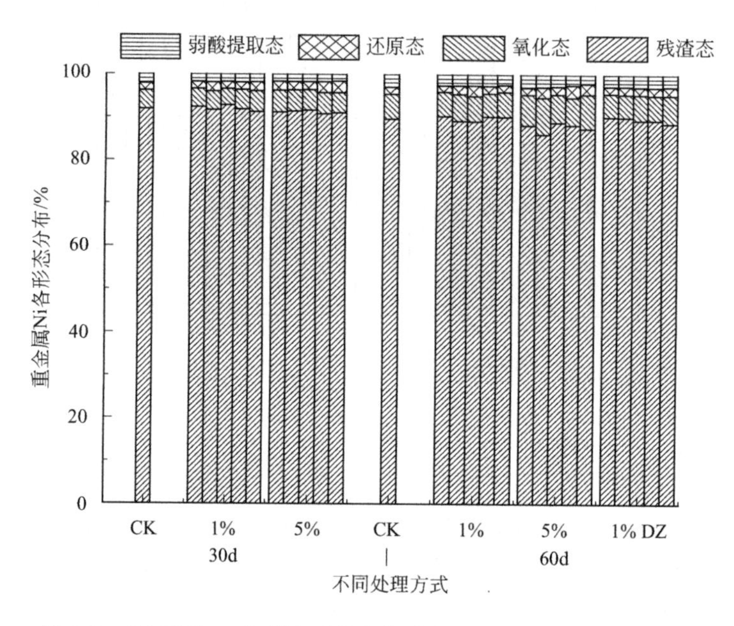

图 7-8 分别添加 5 个温度下的生物质炭后重金属 Ni 的形态分布

采用电阻炉制备的不同温度下的生物质炭施用于土壤中后发现，350℃和 450℃的生物质炭相对于未添加生物质炭的空白对照组（CK），弱酸提取态和氧化态 Ni 含量增加，其它温度下的生物质炭则随着制备温度的升高其弱酸提取态、还原态和氧化态 Ni 含量呈上升趋势，但变化幅度不大。整体来看，施加生物质炭对土壤中的重金属 Ni 形态无显著影响。

7.5.2.6 生物质炭对重金属Cr形态的影响

分别添加不同施用量的350℃、450℃、550℃、650℃、750℃ 5个温度下制备的生物质炭后，经过不同的实验时间其对土壤中重金属Cr形态分布的影响见图7-9。供试土壤中重金属Cr主要以残渣态存在，其含量高达96.4%。向内加入不同温度下制备的生物质炭后，重金属Cr各形态分布没有显著变化；生物质炭施用时间相同下，随着施用量的不同，重金属Cr各形态含量无明显变化；当添加电阻炉制备的生物质炭时，重金属Cr各形态所占比例与马弗炉制备的生物质炭无显著差异。由此说明生物质炭制备方式、制备温度、施用时间和施用量只对重金属Cr形态转化没有显著影响。

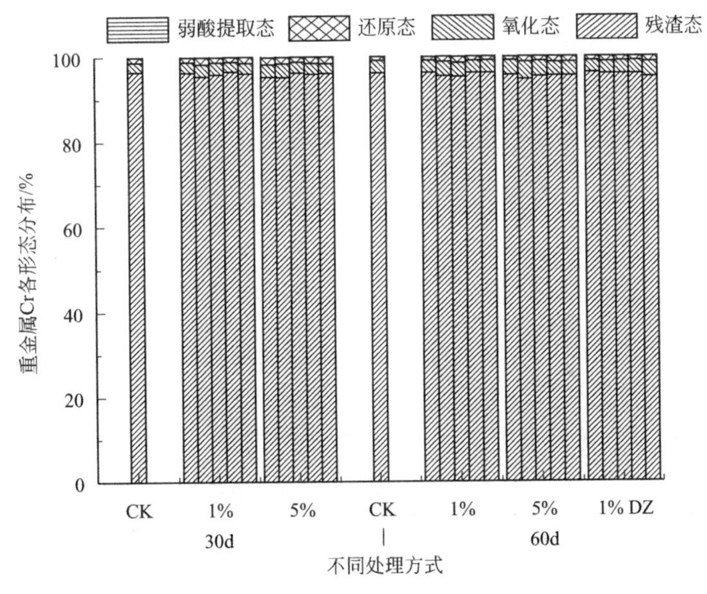

图7-9　分别添加5个温度下的生物质炭后重金属Cr的形态分布

7.5.3 结论

蔗渣生物质炭的加入对重金属污染的蔗田土壤有一定的改良作用。通过对土壤重金属形态的测定结果分析，可以看出随着生物质炭与土壤作用时间的延长，六种重金属的残渣态占有率均有不同程度的增加。当生物质炭作用时间相同时，发现重金属Cu、Cd、Ni、Zn残渣态含量随着生物质炭施用量的增加而增加，而对于重金属Pb，残渣态含量随着生物质炭施用量的增加会降低。

7.6 重金属污染农田甘蔗种植的可行性研究

广西甘蔗种植面积、甘蔗产量和产糖量全国排名第一，广西享有“蔗糖之乡”的美称。但土壤重金属污染已成为广西最为突出的环境污染问题之一，受污染面积达21%。广西某些甘蔗种植区存在土壤重金属污染，甘蔗生产、种植时会面临土壤重金属污染胁迫，造成减产等一系列问题。防治重金属对甘蔗的污染、重金属污染农田种植甘蔗是否安全以及甘蔗产品质量安全等问题已经受到人们的关注。

根据大环江流域沿岸农田的具体情况，开展不同糖料甘蔗在重金属Pb-Cd-As复合污染农田条件下对重金属富集特性差异性研究，观测品种的适应性，筛选出抗逆性较强的品种，对提高污染农田的甘蔗安全生产及糖蔗产量具有实际指导意义[57]。

7.6.1 材料与方法

7.6.1.1 试验场地

本研究在开展大田试验的过程中，考虑到地理环境等客观因素，根据农田土壤重金属污染程度的实际情况，试验场地设在环江县洛阳镇永权村肯任屯，选择Pb-Cd-As复合污染为中度程度的荒地进行试验，土壤基本情况见表7-4。

表7-4 试验农田土壤基本情况

项目	平均值/(mg/kg)	国家土壤二级标准值/(mg/kg)	单项污染指数	综合污染指数
pH值	4.56	—	—	—
Cd	0.49±0.11	0.3	1.63(轻度污染)	2.86(中度污染)
Pb	848.99±62.13	250	3.40(重度污染)	
As	62.49±2.30	40	1.56(轻度污染)	

7.6.1.2 试验材料

参试糖蔗品种共7个，分别是柳城03/1137、柳城05/136、桂糖42、桂糖29、桂辐98/296、台糖27号和台优。

7.6.1.3 试验设计

每个品种为1个处理，共7个处理，设3个重复，共计21个小区。每小区

5 行，行长 5m，计 25m²。每 1 重复安排不同的 7 个品种，重复内不同品种的排列顺序采用随机抽样排列。试验中心地四周设保护行，宽度不低于 4m。每个品种设 1 行观测行，行长 3m，每米种 7 个双芽段，计 21 个双芽段，42 个单芽。

2015 年 3 月 25 日整地，用钩机翻地 40cm 后，用大型拖拉机耙平耙细，按 1m 行距开等宽行，沟深 0.4m。按每小区 5 行，行长 5m，面积 25m²，划分 3 重复，21 个小区。重复内小区品种排列如图 7-10 所示。

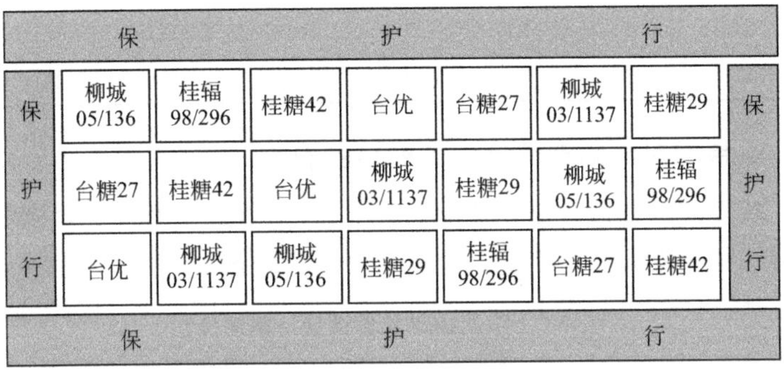

保护行								
保	柳城05/136	桂辐98/296	桂糖42	台优	台糖27	柳城03/1137	桂糖29	保
护	台糖27	桂糖42	台优	柳城03/1137	桂糖29	柳城05/136	桂辐98/296	护
行	台优	柳城03/1137	柳城05/136	桂糖29	桂辐98/296	台糖27	桂糖42	行
保护行								

每小区5行，行长5m，面积25m²

图 7-10　甘蔗种植示意图

7.6.1.4　试验实施

2015 年 4 月 4 日下种，基肥：亩施西洋牌 45%复合肥（N∶P∶K=15∶15∶15）50kg+15%钙镁磷肥 50kg。蔗种砍成双芽段，双行排列，每米保证有 8～10 个双芽段。每个品种设一行观测行，位于两重复中间（即第三行），行长 3m，每米下种 7 个双芽段，计 21 个双芽段，42 个蔗芽。6 月 20 日施苗肥：亩施尿素 50kg，撒施。7 月 31 日追大肥，亩施环甜牌 29%甘蔗专用肥（N∶P∶K=17∶5∶7）100kg 撒施，同时用甘蔗专用除草剂除草。8 月 12 日用 40%氧化乐果杀虫。各生长时期按方案观测数据，2016 年 3 月 28 日考种、测产验收。

7.6.2　结果与讨论

7.6.2.1　重金属对不同糖蔗品种株高的影响

试验区域不同糖蔗的生长情况见表 7-5，前期生长比较快的品种有柳城 03/1137、桂糖 42，8 月 12 日株高分别为：94.1cm 和 92.3cm。2016 年 3 月 28 日验收，株高前两名的品种是桂糖 42、柳城 03/1137，株高分别为 240.4cm 和 222.0cm。

表 7-5 不同糖蔗的株高平均值 单位：cm

观测日期	台优	柳城 03/1137	柳城 05/136	桂糖 29	桂辐 98/296	台糖 27	桂糖 42
2015 年 7 月 22 日	40.7	55.9	44.4	44.0	49.7	37.2	45.6
2015 年 8 月 12 日	85.7	94.1	76.2	78.9	81.6	81.1	92.3
2015 年 9 月 11 日	140.7	143.6	110.3	110.2	119.5	134.3	152.3
2015 年 11 月 9 日	178.3	193.6	170.3	155.3	178.3	182.6	203.4
2015 年 12 月 10 日	191.2	217.0	187.1	167.3	191.6	197.3	231.9
2016 年 3 月 28 日	198.4	222.0	196.9	170.7	216.8	201.1	240.4

7.6.2.2 重金属对不同糖蔗品种含糖量的影响

试验区域不同糖蔗的含糖量情况见表 7-6。从含糖量数据看，柳糖系列品种含糖量较高，桂糖系列品种次之，台糖系列品种较低。

表 7-6 不同糖蔗的含糖量（糖锤度）

观测日期	台优	柳城 03/1137	柳城 05/136	桂糖 29	桂辐 98/296	台糖 27	桂糖 42
2015 年 11 月 9 日	20.06	20.22	19.51	19.33	20.14	19.42	19.73
2015 年 12 月 10 日	20.40	21.67	20.17	21.23	20.80	19.73	19.90
2016 年 2 月 23 日	22.27	21.37	21.06	21.62	21.94	20.64	22.62
2016 年 3 月 28 日	22.88	23.56	23.10	22.93	22.71	22.35	22.99

7.6.2.3 重金属对不同糖蔗品种产量的影响

糖蔗产量形成主要由每亩有效茎数和单茎质量构成，亩有效茎多少与出苗率、分蘖成茎率有直接关系。试验区域不同糖蔗产量情况见表 7-7。桂糖 29 出苗率 42.86%，但分蘖力强，收获时亩有效茎为 7200 条，亩有效茎居首位；但茎长、茎直径分别只有 128.9cm 和 20.06mm，单茎质量为 0.41kg，亩产量 2952kg，居尾。产量前三名为：桂糖 42、桂辐 98/296、柳城 03/1137，亩产量分别为 5412kg、4806kg、4752kg。

表 7-7 糖蔗成熟期各指标基本统计

观测指标	台优	柳城 03/1137	柳城 05/136	桂糖 29	桂辐 98/296	台糖 27	桂糖 42
茎直径/mm	22.87	25.24	25.48	20.06	24.68	24.62	25.56
单茎质量/kg	0.76	0.99	0.80	0.41	1.06	0.92	0.99

续表

观测指标	台优	柳城 03/1137	柳城 05/136	桂糖 29	桂辐 98/296	台糖 27	桂糖 42
亩有效茎/条	5600	4800	5334	7200	4534	4267	5467
理论产量/kg	4256	4752	4267	2952	4806	3926	5412

不同糖蔗品种其生理作用不同，表现在对同一自然条件下的适应性和对灾害环境的抗逆性上的差异，优良糖蔗品种具有适应性广、抗逆性强、高产稳产等优点。桂糖 42、桂辐 98/296 两个品种在污染地环境条件下，各种生理性状和各项经济指标表现较好，对污染地具有较好的适应性。柳城 03/1137、柳城 05/136 次之。其他品种各项性状表现有优有劣。

7.6.2.4　不同糖蔗品种各部位重金属的分布特征

不同糖蔗（糖料甘蔗）不同部位重金属含量见表 7-8。Pb 和 As 在不同品种甘蔗各部位分布规律均一致，呈现出根＞叶＞茎，Cd 在不同品种甘蔗各部位分布均呈现出根＞茎＞叶。Cd、Pb 和 As 三者在甘蔗根中的含量都是最高的。其中桂糖 29 根中 Pb 含量高达 219.83mg/kg，是其他糖蔗的 1.3～2.7 倍，As 和 Cd 含量分别为 10.2mg/kg 和 0.5mg/kg。

表 7-8　糖蔗植株各部位中重金属含量（以干重计）　单位：mg/kg

品种	部位	Cd	Pb	As
柳城 136	根	0.21	93.48	5.38
	茎	0.16	3.98	0.23
	叶	0.04	14.66	0.29
	平均值	0.14	37.37	1.97
柳城 03/1137	根	0.22	125.74	6.73
	茎	0.09	5.09	0.11
	叶	0.02	10.15	0.23
	平均值	0.11	46.99	2.36
台优	根	0.2	89.8	2.85
	茎	0.04	5.49	0.22
	叶	0.04	11.13	0.26
	平均值	0.09	35.47	1.11

续表

品种	部位	Cd	Pb	As
台糖 27	根	0.39	94.32	4.10
	茎	0.12	5.46	0.22
	叶	0.03	12.97	0.59
	平均值	0.18	37.58	1.64
桂糖 42	根	0.30	80.15	3.88
	茎	0.12	4.38	0.15
	叶	0.05	17.59	0.79
	平均值	0.16	34.04	1.61
桂辐 98/296	根	0.24	174.3	9.22
	茎	0.04	4.89	0.12
	叶	0.03	8.44	0.23
	平均值	0.10	62.54	3.19
桂糖 29	根	0.5	219.83	10.2
	茎	0.06	8.03	0.24
	叶	0.02	13.32	0.26
	平均值	0.19	80.39	3.57

7.6.2.5 整株甘蔗富集重金属量

通过了解甘蔗植株各部位中重金属含量，便可掌握重金属在甘蔗植株体内聚集的位置。整株甘蔗富集重金属的量，来自于生物量干重和重金属含量的乘积。由表 7-9 可以看出，不同糖料甘蔗对重金属的富集量为 306.4～658.13mg/亩。

表 7-9 整株甘蔗富集 Cd 量

观测指标	台优	柳城 03/1137	柳城 05/136	桂糖 29	桂辐 98/296	台糖 27	桂糖 42
甘蔗整株干重/g	608	772.2	608	270.6	678.4	680.8	752.4
甘蔗有效茎/(条/亩)	5600	4800	5334	7200	4534	4267	5467
甘蔗平均含量/(mg/kg)	0.09	0.11	0.14	0.19	0.1	0.18	0.16
甘蔗富集量/(mg/亩)	306.4	407.72	454.03	370.18	307.59	522.89	658.13

不同糖料甘蔗整株带走重金属 Pb 和 As 的总量见表 7-10。糖料甘蔗在自然条件下，整株甘蔗富集土壤重金属 Pb、As 的量分别为 109.17～174.17g/株、

3.78～10.85g/株。

表 7-10　整株甘蔗富集 Pb/As 的量　　单位：g/株

项目	台优	柳城 03/1137	柳城 05/136	桂糖 29	桂辐 98/296	台糖 27	桂糖 42
Pb	120.76	174.17	121.19	156.62	192.36	109.17	140.02
As	3.78	8.75	6.389	10.85	9.81	4.76	6.62

7.6.2.6　甘蔗汁的安全性

污染土壤试验区甘蔗汁中重金属分析结果见表 7-11，根据《食品安全国家标准　食品中污染物限量》（GB 2762—2017）相应的标准值，对 Pb、Cd 和 As 三种重金属进行评价。不同品种甘蔗中 As、Cd 和 Pb 三种重金属含量分布范围分别为 0.001～0.002mg/kg、0.001～0.003mg/kg、0.038～0.077mg/kg，所有结果均低于标准值。说明此次选取的 7 种糖料甘蔗均可以种植在 Pb-Cd-As 复合污染土壤且对甘蔗汁品质影响不大。

表 7-11　不同品种甘蔗汁重金属含量　　单位：mg/kg

元素	台优	台糖 27	柳城 136	柳城 03/1137	桂糖 42	桂辐 98/296	桂糖 29
As	0.002	0.002	0.002	0.001	0.001	0.001	0.002
Cd	0.001	0.001	0.002	0.001	0.002	0.001	0.003
Pb	0.053	0.052	0.038	0.049	0.042	0.047	0.077

7.6.3　结论

桂糖 42 的抗逆性最好，其株高和亩产量最大，分别达到 240.4cm 和 5412kg，对 Pb、Cd 和 As 的理论最大吸收量分别为 11.49kg/hm^2、53.97kg/hm^2 和 0.54kg/hm^2。Cd、Pb 和 As 在不同品种甘蔗分布规律：Pb 和 As 为根＞叶＞茎，Cd 则为根＞茎＞叶。桂糖 29 甘蔗根 Pb 含量高达 219.83mg/kg，是其他糖料甘蔗的 1.3～2.7 倍，As 和 Cd 含量分别为 10.2mg/kg 和 0.5mg/kg。甘蔗汁中 As、Cd 和 Pb 三种重金属含量符合规定的标准值，可实现重金属污染农田甘蔗安全生产利用。

7.7　农田土壤污染治理与修复成效评估实证研究

土壤修复成效评估需要贯穿项目管理的整个过程，需要针对不同的修复技术提出相应的评价指标，并从土壤生态系统和社会效益等层面提出综合性的评估。因此本研究从项目管理-修复技术-土壤生态系统-社会效益等四级体系中选取代表性的定量和定性指标，构建了农用地土壤污染治理与修复成效评估的指标体系，运用层次分析法通过专家咨询方式计算各指标权重，采用二级模糊综合评判法评估其综合等级，并以广西环江县大环江流域农用地土壤重金属污染治理与修复成效评估为例进行综合评估，旨在为我国开展受污染农用地土壤治理和修复进行有效管理提供借鉴[58]。

7.7.1 评价指标体系的构建及评价标准的确定

农田土壤污染治理与修复成效评估是一个典型的涉及多因素、多指标的综合评估问题，根据项目实施、农用地整体功能、土壤生态系统结构、项目社会性内涵以及指标筛选原则，选取相互独立的典型指标构建本研究的评价指标体系。本研究共建立了目标层、准则层和指标层 3 个层次指标体系，其中 6 个准则层，15 个指标层。与此同时，在参照国家耕地标准、土壤环境质量标准及相关研究成果的基础上[59-69]，确定治理与修复成效评估中各指标的分级标准，以确保评价结果的合理性。指标评价标准共分为 4 级，依次是“优、良、合格、不合格”，用以反映农田土壤污染治理与修复效果，具体如表 7-12 所示。

表 7-12　农田土壤污染治理与修复成效评价指标体系及评价标准

目标层 A	准则层 B	指标层 C	评价标准			
			优	良	合格	不合格
农田土壤污染治理与修复成效	项目组织管理(B_1)	实施技术方案(C_1)	场地调查完整、客观、科学；技术方案成熟、可行；充分考虑当地经济	场地调查较完整、客观、科学；技术方案较成熟、可行；较充分考虑当地经济	场地调查完整、客观、科学一般；技术方案成熟、可行一般；考虑和当地经济结合一般	场地调查或技术方案科学性欠缺，项目实施效果不好；考虑和当地经济结合差
		项目管理水平(C_2)	实行环境与工程的第三方监理；政策规定执行好，管理制度的建立、资料完备好，组织与人员的配置到位	实行环境与工程的第三方监理；政策规定执行较好，管理制度的建立、资料完备较好，组织与人员的配置较到位	实行环境与工程的第三方监理；政策规定执行一般，管理制度的建立、资料完备一般，组织与人员的配置一般	不实行环境与工程的第三方监理；政策规定执行较差，管理制度的建立、资料完备较差，组织与人员的配置较差

续表

目标层A	准则层B	指标层C	评价标准			
			优	良	合格	不合格
农田土壤污染治理与修复成效	项目组织管理(B_1)	资金使用规范(C_3)	项目公开招标；严格执行财务管理制度	项目公开招标；较严格执行财务管理制度	项目公开招标；执行财务管理制度一般	项目没有公开招标或执行财务管理制度差
		修复成本控制(C_4)	＜5000元/亩	5000～10000元/亩	10000～20000元/亩	＞20000元/亩
		二次污染控制(C_5)	治理过程造成二次污染完全得到控制	治理过程造成轻度二次污染	治理过程造成中度二次污染	治理过程造成较严重二次污染
	目标污染物控制(B_2)	土壤污染物去除率(C_6)	＞10%	5%～10%	5%～10%	＜5%
		土壤污染物有效态含量减少率(C_7)	＞30%	20%～30%	10%～20%	＜10%
	土壤健康状况(B_3)	农产品产量达到当地正常产量水平(C_8)	＞90%	80%～90%	70%～80%	＜70%
		土壤pH值(C_9)	pH值趋中性	pH值趋中性	pH值趋中性	pH值偏酸或碱
		土壤有机质含量提高率(C_{10})	＞10%	5%～10%	0～5%	＜0
	农产品质量安全(B_4)	农产品质量达标率(C_{11})	＞90%	90%～70%	70%～50%	＜50%
	水环境质量(B_5)	地表水环境功能区水质达标率(C_{12})	100%	90%～100%	80%～90%	＜80%
		地下水达标率(三类水)(C_{13})	100%	90%～100%	80%～90%	＜80%
	社会影响(B_6)	信息公开及公众沟通(C_{14})	好	较好	一般	差
		农民对项目的满意度(C_{15})	农民参与程度高，收益为＞5000元/亩	农民参与程度较高，收益为3000～5000元/亩	农民参与程度不高，收益1000～3000元/亩	农民没有参与，无收益

7.7.2 评价模型的构建

考虑到农用地土壤污染治理与修复成效评价指标涉及的因素较多，因素属性跨越自然、社会、经济等多个领域，且指标体系为定性与定量指标相结合，故各指标间的影响程度判断具有一定的主观性。为了提高评价结果的合理性、准确性、可靠性和科学性，本研究采用层次分析法与模糊集相结合的二级模糊综合评价法，建模与评价步骤如下。

7.7.2.1 建立指标体系的评价集 U

$U=\{I_1, I_2, I_3, \cdots, I_i\}$ 表示项目组织管理、土壤目标污染物控制、土壤健康状况、农产品质量安全、水环境质量以及社会影响状况 6 类共 15 个评价指标的集合，I_i 表示第 i 个指标，$i=1, 2, \cdots, 15$。

7.7.2.2 确定各指标的权重

采用“1-9 比率标度法”[70]，运用层次分析法结合专家咨询方式确定两两指标的相对重要性，从而建立各层次的判断矩阵，计算判断矩阵并进行一致性检验，最终得到各指标 I_i 相对准则层的权重 ω_i 和准则层相对于目标层的权重集 W。

7.7.2.3 建立模糊关系矩阵 R

根据建立隶属度的基本原则，在评价中一般采用专家评定法和隶属函数法两种方法[71]。对于定性评价指标主要采用专家评定法取值[72]，等级隶属度详见表 7-13。

表 7-13 定性指标评价因素的隶属度评价矩阵

评语等级隶属度	优	良	合格	不合格
V_1	0.750	0.250	0	0
V_2	0.250	0.500	0.250	0
V_3	0	0.250	0.500	0.250
V_4	0	0	0.250	0.750

对于定量评价指标，则建立代表隶属度和指标之间的函数关系，即隶属函数。

$$R=\begin{bmatrix}R_1\\R_2\\R_3\\R_4\\R_5\\R_6\end{bmatrix}=\begin{bmatrix}r_{11} & r_{12} & \cdots & r_{1m}\\ r_{21} & r_{22} & \cdots & r_{2m}\\ \cdots & \cdots & \cdots & \cdots\\ \cdots & \cdots & \cdots & \cdots\\ \cdots & \cdots & \cdots & \cdots\\ r_{i1} & r_{i2} & \cdots & r_{im}\end{bmatrix} \tag{7-1}$$

式中，R_1，R_2，R_3，R_4，R_5，R_6 对应评价指标体系中的项目组织管理、土壤污染物控制、土壤健康状况、土壤风险状况以及社会影响状况的模糊关系矩阵。r_{im} 为第 i 层第 j 个指标属于第 m 级别（$m=1$，2，3，4，依次对应治理修复成效的优、良、合格和不合格）的隶属度。r_{im} 采用半梯形分布隶属函数[73]确定，见式（7-2）～式（7-4）：

$$\mu(x)=\begin{cases}0, & x\leqslant a\\ \dfrac{x-a}{b-a}, & a<x<b\\ 1, & x\geqslant b\end{cases} \tag{7-2}$$

$$\mu(x)=\begin{cases}0, & 0<x\leqslant a\\ \dfrac{x-a}{b-a}, & a<x<b\\ \dfrac{c-x}{c-b}, & b\leqslant x<c\\ 1,x\geqslant c\end{cases} \tag{7-3}$$

$$\mu(x)=\begin{cases}1, & x\leqslant a\\ \dfrac{b-x}{b-a}, & a<x<b\\ 0, & x\geqslant b\end{cases} \tag{7-4}$$

7.7.2.4　进行模糊层次综合评判

采用二级模糊评价方法，进行指标层对属性层的模糊评价以及属性层对目标层的模糊评价。具体是依次将指标层和属性层评价指标相对隶属度值与其相应的权重值相乘并累加，即可得到模糊评价的综合评判集 V。

$$V=WR \tag{7-5}$$

式中，V 为综合评语集；W 为指标权重集；R 为指标的模糊关系矩阵。

经过计算，可得到优、良、合格、不及格 4 个等级的综合评判集。根据模糊评价的最大隶属度对应原则，选取最大隶属度对应的评价等级作为治理与修复成效评价的结果。

7.7.3 实例研究

7.7.3.1 大环江农用地土壤重金属污染治理与修复项目概况

环江毛南族自治县位于广西西北部，全县面积 $4572km^2$，辖 12 乡镇，总人口 38 万人。环江矿产资源丰富，矿产业成为全县支柱产业之一。2001 年 6 月 10 日，环江遭受百年一遇的特大暴雨袭击，大环江河上游 3 家选矿企业的尾矿库被洪水冲毁，造成 1 万多亩土地受到不同程度的污染，镉、铅、锌和砷为重污染和中度污染。

大环江流域农用地土壤重金属污染治理与修复项目由中国科学院地理科学与资源研究所负责提供治理和修复技术服务，由环江毛南族自治县人民政府作为项目主体组织实施，修复农田 1280 亩，实施时间为 2011 年 3 月至 2013 年 3 月。

根据环江污染农田重金属种类、污染程度，参考农产品重金属超标情况，结合环江地区经济发展水平和当地的种植习惯，选用以下 4 类技术进行联合修复：

（1）植物富集（萃取）技术　主要通过种植蜈蚣草对砷进行富集，种植东南景天与红麻对镉进行富集。

（2）超富集植物-经济植物间作修复技术　主要包括蜈蚣草-桑树间作、蜈蚣草-甘蔗间作、蜈蚣草-红麻间作、东南景天与玉米、红麻、桑树等进行套作。

（3）植物阻隔修复技术　筛选低积累的甘蔗、桑树和玉米品种种植。

（4）化学修复技术　通过向污染土壤中添加化学修复剂，调控土壤中重金属的生物有效性。即通过钝化重金属而降低其生物有效性，从而降低农作物的吸收量；或者通过提高重金属的生物有效性促进超富集植物对重金属的富集。

7.7.3.2 大环江流域农用地土壤重金属污染治理与修复成效评价

根据本研究构建的评价指标体系统计大环江流域污染土壤治理与修复项目的相关数据并整理，运用本研究所建立的农田土壤治理与修复评价模型对大环江流域污染土壤治理与修复项目成效进行评价，准则层与指标层的权重计算结果如表 7-14 所示，各指标隶属度计算结果如表 7-15 所示。

表 7-14　评价指标体系的权重

准则层 B	准则层权重（W）	指标层 C	指标层相对准则层的权重（ω_i）	指标层相对总目标的权重
项目组织管理（B_1）	0.174	实施技术方案（C_1）	0.241	0.042
		项目管理水平（C_2）	0.241	0.042
		资金使用规范（C_3）	0.160	0.028
		修复成本控制（C_4）	0.183	0.032
		二次污染控制（C_5）	0.175	0.03
土壤目标污染物控制（B_2）	0.174	土壤污染物去除率（C_6）	0.375	0.065
		土壤污染物有效态含量减少率（C_7）	0.625	0.109
土壤健康状况（B_3）	0.174	农产品产量达到当地正常产量水平（C_8）	0.460	0.080
		土壤 pH 值（C_9）	0.319	0.055
		土壤有机质含量提高率（C_{10}）	0.221	0.038
农产品质量安全（B_4）	0.219	农产品质量达标率（C_{11}）	1.000	0.219
水环境质量（B_5）	0.115	地表水环境功能区水质达标率（C_{12}）	0.412	0.047
		地下水达标率（三类水）（C_{13}）	0.588	0.068
社会影响（B_6）	0.145	信息公开及公众沟通（C_{14}）	0.444	0.064
		农民对项目的满意度（C_{15}）	0.556	0.081

表 7-15　各指标现状值及隶属度计算结果

指标层 C	现状值	隶属度			
		优	良	合格	不合格
实施技术方案（C_1）	优	0.750	0.250	0	0
项目管理水平（C_2）	优	0.750	0.250	0	0
资金使用规范（C_3）	良	0.250	0.500	0.250	0
修复成本控制（C_4）	19140 元/亩	0	0.086	0.914	0
二次污染控制（C_5）	优	0.750	0.250	0	0

续表

指标层C	现状值	隶属度			
		优	良	合格	不合格
土壤污染物去除率(C_6)	土壤砷的平均去除率为8%,镉平均去除率达10%	0	0	0.600	0.400
土壤污染物有效态含量减少率(C_7)	弱酸提取态减少15.8%～22.2%(均值19%)	0	0.900	0.100	0
农产品产量达到当地正常产量水平(C_8)	达到当地正常产量水平的95%	1.000	0	0	0
土壤pH值(C_9)	均值5.660	0.250	0.500	0.250	0
土壤有机质含量提高率(C_{10})	6%	0	0.200	0.800	0
农产品质量达标率(C_{11})	玉米的砷、镉含量合格率超过95%,甘蔗重金属合格率100%	1.000	0	0	0
地表水环境功能区水质达标率(C_{12})	100%	1.000	0	0	0
地下水达标率(三类水)(C_{13})	100%	1.000	0	0	0
信息公开及公众沟通(C_{14})	良	0.250	0.500	0.250	0
农民对项目的满意度(C_{15})	优	0.750	0.250	0	0

根据表7-14、表7-15的权重和其对应的隶属度结果，计算一级（V_{B1}、V_{B2}、V_{B3}、V_{B4}、V_{B5}、V_{B6}）和二级模糊综合评判结果（V_A）。

$$V_{B1}=(\omega_1 \quad \omega_2 \quad \omega_3 \quad \omega_4 \quad \omega_5)R_1=(0.533 \quad 0.244 \quad 0.071 \quad 0.152)$$

$$V_{B2}=(\omega_6 \quad \omega_7)R_2=(0.225 \quad 0.475 \quad 0.600 \quad 0.150)$$

$$V_{B3}=(\omega_8 \quad \omega_9 \quad \omega_{10})R_3=(0.540 \quad 0.314 \quad 0.146 \quad 0)$$

$$V_{B4}=\omega_{11}R_4=(1.000 \quad 000)$$

$$V_{B5}=(\omega_{12} \quad \omega_{13})R_5=(1.000 \quad 0 \quad 0 \quad 0)$$

$$V_{B6}=(\omega_{14} \quad \omega_{15})R_6=(0.528 \quad 0.361 \quad 0.111 \quad 0)$$

$$V_{\mathrm{A}}=W\times\begin{pmatrix}V_{\mathrm{B1}}\\V_{\mathrm{B2}}\\V_{\mathrm{B3}}\\V_{\mathrm{B4}}\\V_{\mathrm{B5}}\\V_{\mathrm{B6}}\end{pmatrix}$$

$$=(0.174\quad 0.174\quad 0.174\quad 0.219\quad 0.115\quad 0.145)\times\begin{pmatrix}0.533&0.244&0.071&0.152\\0.225&0.475&0.600&0.150\\0.540&0.314&0.146&0\\1.000&0&0&0\\1.000&0&0&0\\0.528&0.361&0.111&0\end{pmatrix}$$

$$=(0.636\quad 0.232\quad 0.158\quad 0.052)$$

运用本研究所建立的农田土壤治理与修复评价模型对大环江流域重金属污染土壤治理与修复项目成效进行评价。从目标层层面上来看，根据“优、良、合格、不合格”分级和最大隶属度原则，大环江流域污染土壤治理与修复项目成效评估属于“优”，各准则层具体评价结果分析如下。

项目组织管理为“优”。本项目按时完成 1280 亩农田的污染修复，其具体实施方案结合环江的优势产业及受污染区的实际情况，技术方案经过专家评审会评审，场地调查以第三方机构进行，经修复后的蜈蚣草等植物采用焚烧固化稳定处理方式，规避了对环境造成的二次污染。项目创造性地引入了现代项目管理制度，建立了“政府引导＋科技支持＋农户实施”的科学实施模式。其主要不足为修复成本较高，每亩治理修复费用为 19140 元，主要原因是项目成本包含生产所需的配套水利工程[74]。

土壤目标污染物控制平均为“合格”。按照各修复技术细分，其中植物萃取区域经项目修复后目标污染物污染综合指数降低 8%，评估结果为“优”。蜈蚣草单作多年生种植区对土壤砷的去除率最高可达 14.5%，去除效果十分明显；土壤镉采用红麻、东南景天单作及其与红麻、玉米、桑树套种等修复模式，对土壤镉平均去除率达到 10%。土壤中铅、镉等重金属的生物有效性有所下降，弱酸提取态减少 15.8%～22.2%；稻米的铅和镉含量下降超过 40%。但由于除了植物萃取技术之外，其他的修复技术，如化学修复技术中的钝化技术、植物组合修复技术等，均未去除土壤中的重金属，因此使得项目整体的污染物控制评价结果为“合格”。由此可以看出，植物萃取修复技术与其他修复技术相比，能够显著逐步改善土壤环境质量，可提高目标污染物控制评价效果。

土壤健康状况为“优”。修复前部分农田颗粒无收，修复后农产品产量达到当地正常产量水平的 90%以上，且土壤 pH 值趋于中性。

农产品质量安全为“优”。农产品质量得到显著改善，修复前重金属超标率高达 75%；修复后玉米的砷、镉含量合格率超过 95%，甘蔗重金属合格率达 100%。

水环境质量为“优”。地表水及地下水均没有因治理和修复而变差。

社会影响因素为“优”。项目通过“政府引导+科技支持+农户实施”模式引导农民广泛参与到治理修复过程中，同时通过合理调整当地经济作物种植结构，保证了农民一定的经济收入，其中桑树面积达 896 亩，农民卖茧收入约 1340.8 万元，每亩收益为大于 5000 元。此外，项目配套工程改善了当地生产条件，为今后的生产收益创造了良好的基础。

虽然本研究对大环江流域污染土壤治理与修复项目成效评价结果为“优”，但土壤修复本身是一个长期、复杂的治理过程，从国内外治理工程经验看，一般要经过 5 年左右才能取得较理想的治理结果，而本项目治理时间才满 2 年，修复效果还有待进一步验证。

参考文献

[1] 陈怀满，朱永官，董元华，等. 环境土壤学[M]. 北京：科学出版社，2018.

[2] 孙铁珩，周启星，李培军. 污染生态学[M]. 北京：科学出版社，2011.

[3] Xing J F, Hu T T, Cang L, et al. Remediation of Copper Contaminated Soil by Using Different Particle Sizes of Apatite: A Field Experiment[J]. Springer Plus, 2016, 5: 1182.

[4] 李江遐，吴林春，张军，等. 生物炭修复土壤重金属污染的研究进展[J]. 生态环境学报，2015，24(12)：2075-2081.

[5] 许妍哲，方战强. 生物炭修复土壤重金属的研究进展[J]. 环境工程，2015(2)：156-159，172.

[6] 唐行灿，张民. 生物炭修复污染土壤的研究进展. 环境科学导刊[J]. 2014，33(1)：17-26.

[7] 石红蕾，周启星. 生物炭对污染物的土壤环境行为影响研究进展[J]. 生态学杂志，2014，33(2)：486-494.

[8] 仓龙，朱向东，汪玉，等. 生物质炭中的污染物含量及其田间施用的环境风险预测[J]. 农业工程学报，2012，28(15)：163-167.

[9] Robinson B H, Leblanc M, Petit D, et al. The Potential of *Thlaspi caerulescens* for Phytoremediation of Contaminated Soils[J]. Plant Soil, 1998, 203: 47-56.

[10] Chaney R L, Malik M, Li Y M, et al. Phetoremediation of Soil Metals[J]. Current Opinion in Biotechnology, 1997, 8(3): 279-284.

[11] 魏树和，杨传杰，周启星. 三叶鬼针草等 7 中常见菊科杂草植物对重金属的超富集特征[J]. 环境科学，2008，29(10)：2912-2918.

[12] 魏树和，周启星，任丽萍. 球果蔊菜对重金属的超富集特征[J]. 自然科学进展，2008，18(04)：406-412.

[13] Wei S H, Zhou Q X, Mathews S. A Newly Found Cadmium Accumulator—*Taraxacum mongolicum* [J]. Journal of Hazardous Materials, 2008, 159(2): 544-547.

[14] 聂发辉. Cd 超富集植物商陆及其富集效应[J]. 生态环境，2006，15(02)：303-306.

[15] 李金天. 杨桃对 Cd 富集特征与 Cd 污染土壤植物修复[D]. 广州：中山大学，2005.

[16] 汤叶涛，仇荣亮，曾晓雯，等. 一种新的多金属超富集植物——圆锥南芥[J]. 中山大学学报(自然科学版)，2005，44(4)：135-136.

[17] Tiwari S, Kumari B, Singh S. Evaluation of Metal Mobility/Immobility in Fly Ash Induced by Bacterial Strains Isolated from the Rhizospheric Zone of *Typhalatifolia* Growing on Fly Ash Dumps[J]. Bioresource Technology, 2008, 99: 1305-1310.

[18] Wei X, Fang L, Cai P, et al. Influence of Extracellular Polymeric Substances(EPS) on Cd Adsorption by Bacterial[J]. Environmental Pollution, 2011, 159(5): 1369-1374.

[19] 孟庆恒，傅珊，张海江，等. 微生物在铬污染土壤中的分布及铬积累菌株的初步筛选[J]. 农业环境科学学报，2007，26(2)：472-475.

[20] 刘世亮，骆永明，丁克强，等. 菌根真菌对土壤中有机污染物的修复研究[J]. 地球科学进展，2004，19(2)：197-203.

[21] Deng Z J, Cao L X. Fungal Endophytes and Their Interactions with Plants in Phyto-Remediation: A Review[J]. Chemosphere, 2017, 168: 1100-1106.

[22] 孙艳芳，王国利，刘长仲. 重金属污染对农田土壤无脊椎动物群落结构的影响[J]. 土壤通报，2015，45(1)：210-215.

[23] 伏小勇，秦赏，杨柳，等. 蚯蚓对土壤中重金属的富集作用研究[J]. 农业环境科学学报，2009，28(1)：78-83.

[24] Uraguchi S, Fujiwara T. Cadmium Transport and Tolerance in Rice: Perspective for Reducing Grain Cadmium Accumulation[J]. Rice, 2012, 5: 1.

[25] Murray B, Mcbride M B. Cadmium Uptake by Crops Estimated from Soil Total Cd and pH[J]. Soil Science, 2002, 167(1): 62-67.

[26] 陈学永，张爱华. 土壤重金属污染及防治方法研究综述[J]. 污染防治技术，2013，26：41-44.

[27] Vaculik M, Landberg T, Greger M, et al. Silicon Modifies Root Anatomy, and Uptake and Subcellular Distribution of Cadmium in Young Maize Plants[J]. Ann Bot-London, 2012, 110: 433-443.

[28] 李静. 甘蔗—蜈蚣草间作修复矿区周边重金属污染土壤研究[D]. 北京：中国科学院地理科学与资源

研究所，2011.
[29] 杨柳，李广枝，童倩倩，等. Pb^{2+}、Cd^{2+}胁迫作用下蚯蚓、菌根菌及其联合作用对植物修复的影响[J]. 贵州农业科学，2010，38(11)：156-158.
[30] 肖艳平，邵玉芳，沈生元，等.丛枝菌根真菌与蚯蚓对玉米修复砷污染农田土壤的影响[J]. 生态与农村环境学报，2010，26(03)：235-240.
[31] 王凯荣，陈朝阳，龚慧群，等. 镉污染农田农业生态整治与安全高效利用模式[J]. 中国环境科学，1998，18(2)：97-101.
[32] 王凯荣. 我国农田镉污染现状及其治理利用对策[J]. 农业环境保护，1997，16(6)：274-278.
[33] 杨居荣，贺建群，黄翌. 农作物Cd耐性的种内和种间差异 Ⅰ. 种间差[J]. 应用生态学报，1994，5(2)：192-196.
[34] 杨居荣，贺建群，蒋婉茹. Cd污染对植物生理生化的影响[J]. 农业环境保护，1995，14(5)：193-197.
[35] 王凯荣. 镉对不同基因型水稻生长毒害影响的比较研究[J]. 农村生态环境，1996，12(3)：18-23.
[36] Menzies N W，Donn M J，Kopittke P M. Evaluation of Extractants for Estimation of the Phytoavailable Trace Metals in Soils[J]. Environ Pollut，2007，145(1)：121-130.
[37] 李方圆，张超兰，黄河，等. 反枝苋内生菌筛选及其铬富集效果研究[J]. 西南农业学报，2016，29(07)：1694-1700.
[38] 孙乐妮，何琳燕，张艳峰，等. 海州香薷(*Elsholtzia splendens*)根际铜抗性细菌的筛选及生物多样性[J]. 微生物学报，2009(10)：1360-1366.
[39] Sheng X，Xia J，Jiang C，et al. Characterization of Heavy Metal-Resistant Endophytic Bacteria from Rape(*Brassica napus*) Roots and Their Potential in Promoting the Growth and Lead Accumulation of Rape[J]. Environmental Pollution，2008，156(3)：1164-1170.
[40] Gordon S A，Weber R P. Colorimetric Estimation of Indoleacetic Acid[J]. Plant physiology，1951，26(1)：192-195.
[41] Schwyn B，Neilands J B. Universal Chemical Assay for the Detection and Determination of Siderophores[J]. Analytical Biochemistry，1987，160(1)：47-56.
[42] 王平，董飚，李阜棣，等. 小麦根圈细菌铁载体的检测[J]. 微生物学通报，1994(06)：323-326.
[43] Glick B R. Plant Growth-Promoting Bacteria：Mechanisms and Applications[J]. Scientifica，2012，2012：1-15.
[44] Neilands J B. Siderophores：Structure and Function of Microbial Iron Transport Compounds. [J]. The Journal of Biological Chemistry，1995，270(45)：26723-26726.
[45] 赵翔，陈绍兴，谢志雄，等. 高产铁载体荧光假单胞菌 *Pseudomonas fluorescens* sp-f 的筛选鉴定及其铁载体特性研究[J]. 微生物学报，2006(05)：691-695.
[46] Kumar P B，Dushenkov V，Motto H，et al. Phytoextraction：the Use of Plants to Remove Heavy Metals from Soils[J]. Environmental Science & Technology，1995，29(5)：1232-1238.
[47] Baker A J M，Brooks R R. Terrestrial Higher Plants Which Hyperaccumulate Metallic Elements，A Review of Their Distribution，Ecology and Phytochemistry[J]. Biorecovery，1989(1)：81-126.

[48] Zhuang X, Chen J, Shim H, et al. New Advances in Plant Growth-Promoting Rhizobacteria for Bioremediation[J]. Environment International, 2007, 33(3): 406-413.
[49] Compant S, Clément C, Sessitsch A. Plant Growth-Promoting Bacteria in the Rhizo- and Endosphere of Plants: Their Role, Colonization, Mechanisms Involved and Prospects for Utilization[J]. Soil Biology and Biochemistry, 2010, 42(5): 669-678.
[50] Khan M U, Sessitsch A, Harris M, et al. Cr-Resistant Rhizo-and Endophytic Bacteria Associated with *Prosopis juliflora* and Their Potential as Phytoremediation Enhancing Agents in Metal-Degraded Soils [J]. Frontiers in Plant Science, 2015, 5:755.
[51] Patten C L, Glick B R. Role of *Pseudomonas putida* Indoleacetic Acid in Development of the Host Plant Root System[J]. Applied and Environmental Microbiology, 2002, 68(8): 3795-3801.
[52] 鲁萍，梁慧，王宏燕，等. 外来入侵杂草反枝苋的研究进展[J]. 生态学杂志，2010(08)：1662-1670.
[53] Ma Y, Rajkumar M, Freitas H. Isolation and Characterization of Ni Mobilizing PGPB from Serpentine Soils and Their Potential in Promoting Plant Growth and Ni Accumulation by *Brassica* spp[J]. Chemosphere, 2009, 75(6): 719-725.
[54] Dell Amico E, Cavalca L, Andreoni V. Improvement of *Brassica napus* Growth under Cadmium Stress by Cadmium-Resistant Rhizobacteria[J]. Soil Biology and Biochemistry, 2008, 40(1): 74-84.
[55] Zaidi S, Usmani S, Singh B R, et al. Significance of *Bacillus subtilis* Strain SJ-101 as a Bioinoculant for Concurrent Plant Growth Promotion and Nickel Accumulation in *Brassica juncea* [J]. Chemosphere, 2006, 64(6): 991-997.
[56] 魏萌萌. 蔗渣生物质炭对蔗田理化性质及重金属形态的影响[D]. 南宁：广西大学，2016.
[57] 王晓飞. 重金属在土壤-甘蔗中迁移规律及糖业产品中的分布特征研究[D]. 南宁：广西大学，2017.
[58] 王晓飞，尹娟，邓超冰，等. 农用地土壤污染治理与修复成效评估方法及实证研究[J]. 数学的实践与认识，2019，49(05)：207-216.
[59] 邵全琴，刘纪远，黄麟，等. 2005—2009年三江源自然保护区生态保护和建设工程生态成效综合评估[J]. 地理研究，2013，(9)：1645-1656.
[60] 郑姚闽，张海英，牛振国，等. 中国国家级湿地自然保护区保护成效初步评估[J]. 科学通报，2012，(4)：207-230.
[61] 孙茂者，程爱林，张黎琳，等. 长江流域防护林体系建设成效评价——以浙江省为例[J]. 浙江林业科技，2012，(1)：71-75.
[62] 朱林海，包维楷，何丙辉. 岷江干旱河谷典型地段整地造林效果评估[J]. 应用与环境生物学报，2009，(6)：774-780.
[63] 刘斌，邹玉田，于宽畏，等. 江苏沿海地区土地整治项目成效综合评估[J]. 排灌机械工程学报，2016，(5)：443-448.
[64] 杜鑫昱，夏建国，章大容. 四川省土地整理项目绩效评价[J]. 中国生态农业学报，2015，(4)：514-524.
[65] 黄锦法，倪雄伟，石艳平. 嘉兴市高标准农田地力建设成效的评估与分析[J]. 浙江农业学报，2013，(3)：582-586.

[66] 王夏晖，高彦鑫，李松，等. 基于 DPSIR 概念模型的土壤环境成效评估方法研究[J]. 环境保护科学，2016，42 (4)：19-23.

[67] 马少杰，李永涛，李文彦. 污染耕地综合治理成效评估技术体系研究[J]. 湖南农业科学，2014，13：35-37.

[68] 晁雷，周启星，陈苏. 建立污染土壤修复标准的探讨[J]. 应用生态学报，2006，17 (2)：331-334.

[69] 周启星，王毅. 我国农业土壤质量基准建立的方法体系研究[J]. 应用基础与工程科学学报，2012，20：38-44.

[70] 张舒，史秀志，黄刚海. 基于层次分析法和模糊综合评判方法的安全管理体系优选[J]. 安全与环境学报，2010，10(6)：221-226.

[71] 沈世伟，佴磊，徐燕. 不同权重条件下降雨对边坡稳定性影响的二级模糊综合评判[J]. 吉林大学学报(地球科学版)，2012，42(3)：777-784.

[72] 杜艳，常江，徐笠. 土壤环境质量评价方法研究进展[J]. 土壤通报，2010，(3)：749-756.

[73] Liu Y，Huang H. Reliability Assessment for Fuzzy Multi-State Systems[J]. International Journal of Systems Science，2010，41(4)：365-379.

[74] Wan X，Lei M，Chen T. Cost-Benefit Calculation of Phytoremediation Technology for Heavy-Metal-Contaminated soil[J]. Science of the Total Environment，2016，563-564：796-802.